U0052035

Sweet Heart

剪 + 貼 + 縫

88款不織布の
季節布置小物

可以配合新年 · 女兒節 · 聖誕節等季節做裝飾的不織布小吊飾，

只要在玄關、客廳、窗邊稍作裝飾，就完成了可愛的室內設計。

比真正的裝飾還來的簡單，不占空間也是其魅力所在。

務必享受自己動手作的樂趣！

Contents

New Year

1. 新年吉祥物

新年必備的吉祥物裝飾──羽子板＆羽毛球・
招財貓・不倒翁・鯛魚。只要布置在客廳或玄
關的櫃子上就會感到寧靜，搭配合適的花器一
起擺放，立即呈現出別緻的可愛氛圍♥

How to make：P.34
設計・製作：たちばなみよこ

除厄

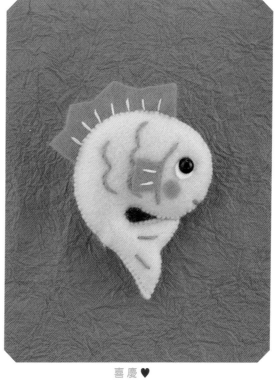

喜慶 ♥

招財‧招貴人

開運招福！

New Year

2.新年花環

裝飾新年花環寓意吉祥，色彩鮮豔的不織布為
屋內布置出華麗的喜慶年味。犬張子與阿龜面
具的可愛表情，似乎正在呼喚福氣的到來！

How to make：P.36
設計・製作：こもりかつこ

犬 張 子

新 春 祝 福

色 彩 美 麗 の 羽 毛 毬

色 彩 美 麗 の 羽 毛 毬

阿 龜 面 具

葫 蘆

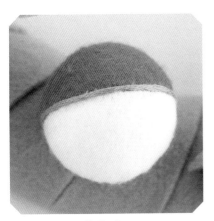

裝 飾 球

松 竹 梅

Early Spring

3. 節分裝飾

季節交替時，在拖盤上將赤鬼・阿龜面具・豆子・惠方捲等組成拼盤，作出節分的裝飾，祈求將邪氣(鬼)趕走，使家宅健康平安。

How to make：P.40
設計・製作：smiley-chu

放在漆盒內的福豆＆可以除魔的柊葉

惡鬼，出去；福氣，進來！

借助阿龜面具的笑臉擊退惡鬼

招福の惠方捲

Early Spring

4.情人節吊飾

小熊邱比特＆心形巧克力，組合成了幸福百分百吊飾。讓紅色的心射中你，陪你度過真愛情濃的情人節吧！

How to make：P.44
設計・製作：チビロビン

Sweet
Heart

手持愛心弓箭の小熊邱比特

牛奶×白色巧克力

別著蝴蝶結の紅色愛心

讓我射中他的心吧♥

傳遞愛心の小熊天使

草莓×甜蜜巧克力

Spring

5. 小白兔の女兒節娃娃

天皇殿下＆皇后娃娃＆三人宮女的雙層裝飾，
也可以各別擺設，配合空間裝飾唷！哎呀……
正中央的宮女手上拿著什麼啊？

How to make：P.48
設計・製作：大和ちひろ

只有天皇殿下＆皇后娃娃的清爽裝飾也很可愛哩！

左邊的宮女拿著銚子，右邊的宮女拿著長柄，正中央的拿著貢品台……
不！是胡蘿蔔呀！

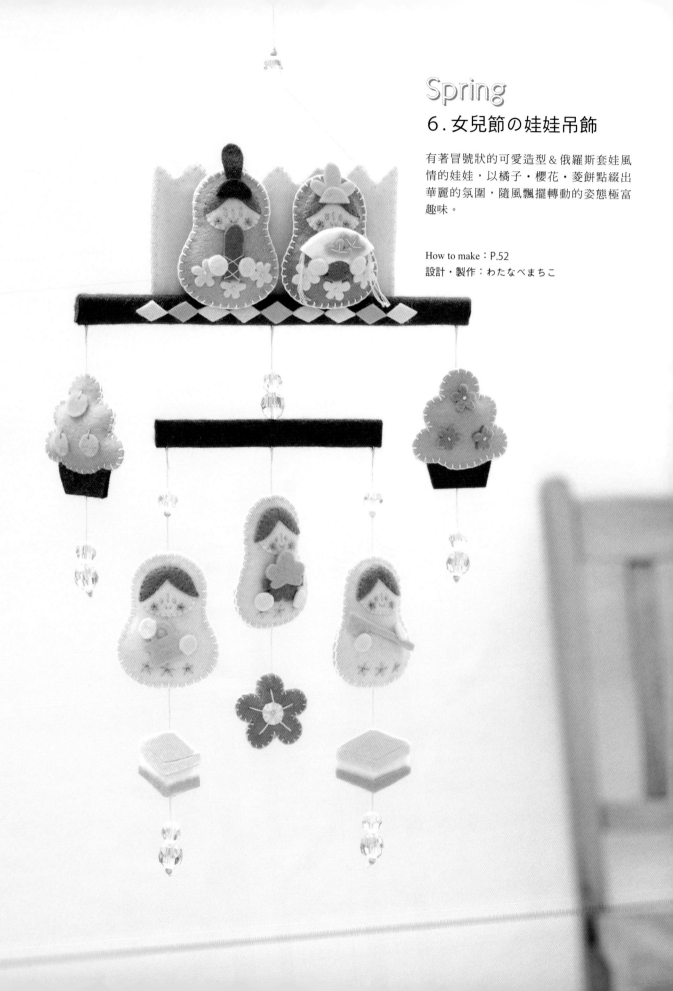

6. 女兒節の娃娃吊飾

有著冒號狀的可愛造型＆俄羅斯套娃風
情的娃娃，以橘子・櫻花・菱餅點綴出
華麗的氛圍，隨風飄擺轉動的姿態極富
趣味。

How to make：P.52
設計・製作：わたなべまちこ

櫻花　　　　　　　宮女　　　　　　　皇后娃娃

宮女　　　　　　　天皇殿下　　　　　　菱餅

桃花　　　　　　　橘子　　　　　　　宮女

Spring

7.四月季節掛飾

以幼稚園入學季的印象設計的牆壁掛飾，
作為祝福的賀禮應該也會令人開心吧！新
衣服＆帽子搭配斜背的黃色書包真是太適
合啦！

How to make：P.56
設計・製作：こもりかつこ

8.母親節＆父親節の迷你飾物

作成迷你尺寸的吉祥物，即使放在桌上裝飾著也
不占空間，真是超可愛呢！母親節時搭配康乃
馨・父親節則可搭配黃玫瑰。

How to make：P.58
設計・製作：powa*powa*

Summer

9.端午節裝飾

將不織布作成的裝飾小物擺在桌櫃上，也能布置出盛重的氣氛喔！以精巧的縫繡針法製作出祈求守護健康成長的頭盔，與端午節不可或缺的柏餅＆菖蒲花並列擺設，呈現出極為絕妙的完美結合。

How to make：P.62
設計・製作：こんどうみえこ

驅走邪氣&惡鬼の菖蒲花

祈求守護・健康成長の頭盔

祈求子孫興旺の柏餅

Summer

10.端午節吊飾

最近在住宅庭院高掛鯉魚旗的景象似乎變少了。既然如此,掛上現在超人氣的吊飾如何呢?將柏餅・菖蒲・風車一起裝飾,可祈求男孩的誕生與健康唷!

How to make:P.64

設計・製作:大和ちひろ

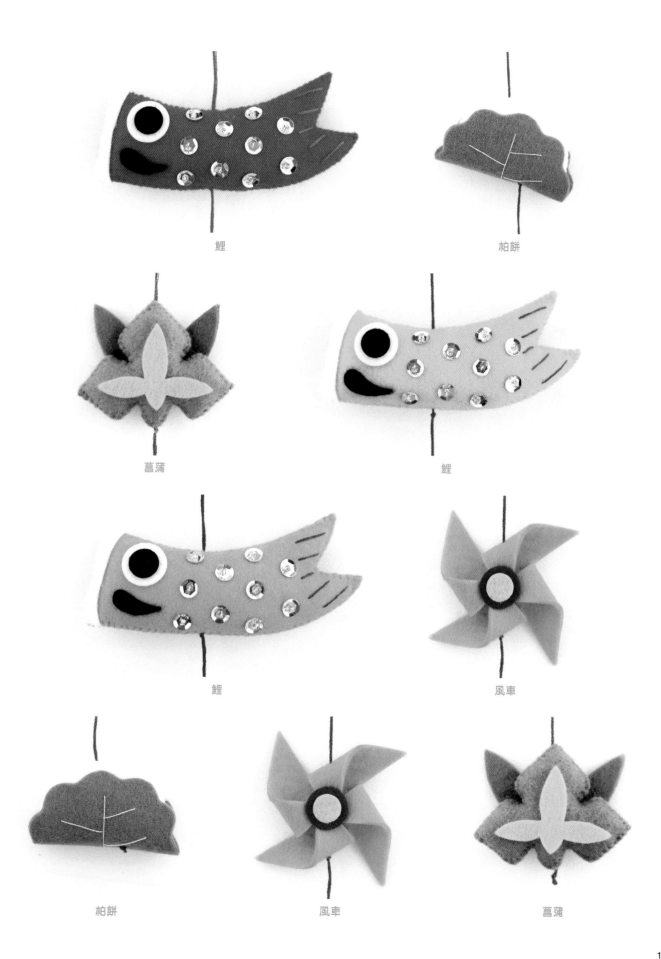

鯉　　　　　　　　　　　　　柏餅

菖蒲　　　　　　　　　　　　鯉

鯉　　　　　　　　　　　　　風車

柏餅　　　　　　　　風車　　　　　　　　菖蒲

Summer

11. 七夕裝飾

一年只有一次能於七夕相會的織女與牛郎，平時相隔於一眨一眨的銀河繁星之間，今天在短詩籤裝飾的竹枝下重逢，兩人都是盈盈的滿面笑容。

How to make：P.66
設計・製作：松田惠子

織女與牛郎

淡淡哀傷的背影

一眨一眨的銀河繁星

Summer
12. 夏天の吊飾

海鷗水手站在遮陽傘上眺望守護，是
一款清爽感十足的夏天吊飾。貝殼·
魚兒·帆船的主題組合，再搭配上閃
亮的珍珠，給予人爽朗的印象。

How to make：P.72
設計·製作：松田惠子

小貝殼好像藏著寶物

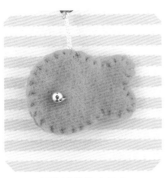

輕快游泳的小魚兒

戴著小白帽の海鷗水手

紅色線條的帥氣帆船

貝殼裡有珍珠嗎？

銀色的眼睛四下張望

遮陽傘的SUMMER字樣

13. 秋天の吊飾

小白兔在滿月中央搗餅，流雲下有著賞月應景不可欠缺的的芒草＆丸子。就以這樣可愛的吊飾來充分享受秋天的氣息吧！

How to make：P.74
設計・製作：わたなべまちこ

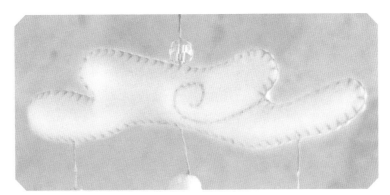

白雲

串珠裝飾

背影の尾巴超可愛！

搗餅・搗餅♪

芒草裝飾

俏麗圓滑の丸子

25

Autumn

14 . 萬聖節甜點

四周裝飾著餅乾的夏洛特蛋糕上，擺滿了各式
各樣的點心。有南瓜麵包、黑貓＆精靈＆新月
の餅乾、蒙布朗、糖果……只是隨意擺放，就
洋溢著萬聖節的氣氛哩！

How to make：P.80
設計・製作：Smiley-chu

Autumn
15 . 萬聖節吊飾

10月31日萬聖節當天,要小心魔女＆精靈會
出現喔……但是,如此可愛的魔女,應該會大
受歡迎吧!以南瓜與魔女相間交錯,就完成了
超可愛的吊飾。

How to make：P.82
設計・製作：powa*powa*

Winter
16.聖誕節吉祥物

雪人・聖誕老公公・馴鹿＆在襪子
裡探頭偷看的小小熊，排列在窗邊
就是十分可愛的聖誕節演出！

How to make：P.84
設計・製作：たちばなみよこ

クリスマスツリー：AWABEES

聖誕老公公的禮物似乎很重呀!旁邊的是有紅鼻子記號的正牌馴鹿呢!

襪子・小熊・雪人,三件組。整套同色系的菱格紋相當漂亮!

17.聖誕節吊飾

聖誕葉‧拐杖糖‧薑餅人‧聖誕樹‧雪人，
作成一串主題吊飾布置聖誕樹，可是相當巧
妙的搭配唷！

How to make：P.88
設計‧製作：チビロビン

Winter
18. 平安夜吊飾

適用於平安夜慶祝耶穌誕生的吊飾小物。由天
使引導，蠟燭如明燈般點燃，十字架也滿是熠
熠的光輝。充滿故事性的主題＆高雅的用色就
是魅力所在！

How to make：P.90
設計・製作：チビロビン

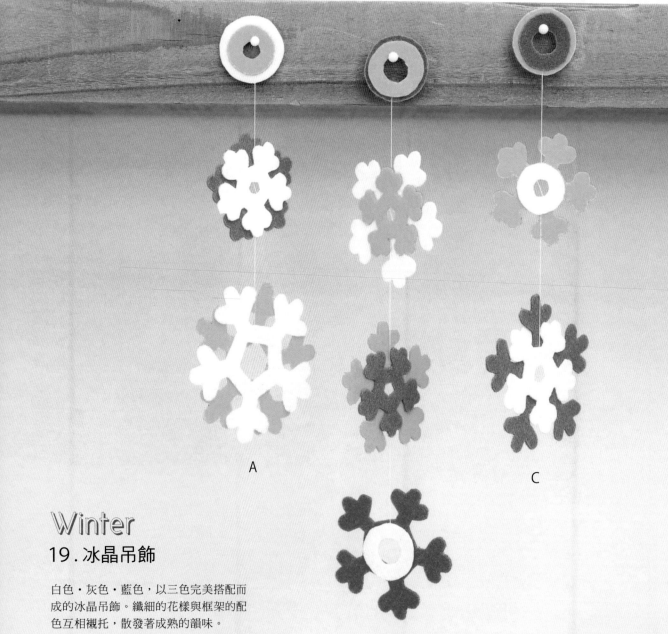

A

C

Winter

19.冰晶吊飾

白色・灰色・藍色，以三色完美搭配而
成的冰晶吊飾。纖細的花樣與框架的配
色互相襯托，散發著成熟的韻味。

How to make：P.94
設計・製作：こんどうみえこ

B

開始製作之前

※縫線皆取1股與不織布同色的25號繡線縫製。
※尺寸單位皆為cm（公分）。

●原寸紙型描圖法

在描圖紙（薄且透明的紙張）或薄紙上以鉛筆描繪書本上的原寸紙型。也可以用影印機影印。

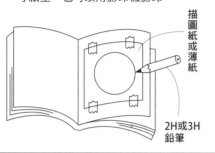

由下往上以厚紙‧複寫紙‧已描好圖案的描圖紙或薄紙的順序重疊，再以硬鉛筆（2H或3H）沿線描繪，將圖案複寫於厚紙上。

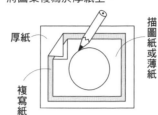

「薄紙」可使用筆記本紙，因厚度適中，又有橫線可供描圖時比對位置，不易描歪，十分便利！

●描圖注意事項

◆描圖注意事項❶◆

當紙型有重疊部分時，須分別描繪。

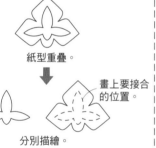

紙型重疊。

畫上要接合的位置。

分別描繪。

◆描圖注意事項❷◆

當部件須進行刺繡＆有接合部位時，建議先畫上記號。

畫記縫上串珠的位置。

畫上要接合的位置。

畫上刺繡圖樣。

◆描圖注意事項❸◆

當要進行左右對稱的裁剪時，選擇其中一片紙型翻面置於不織布上，畫上圖案。

將紙型翻面，作上記號

◆描圖注意事項❹◆

標記「摺雙」的紙型，請以「摺雙」為中線，如圖示翻面後延伸畫出完整的紙型。

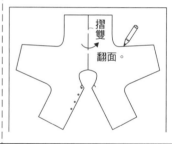

摺雙

翻面。

●如何在不織布上作記號＆裁剪

◆裁剪法A◆

剪下紙型。

完成線

厚紙

紙型

以鉛筆在不織布上依紙型描繪圖案。

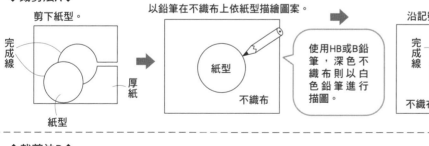

紙型

不織布

使用HB或B鉛筆，深色不織布則以白色鉛筆進行描圖。

沿記號線剪下。

完成線

不織布

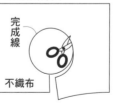

沿線的內側裁剪。

◆裁剪法B◆

裁剪小圖案的紙型時，可先多保留一些餘白的空間，沿著紙型外緣剪下。

薄紙

以透明膠帶將紙型貼於不織布上。

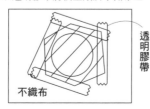

不織布

透明膠帶

沿著紙型剪下。

不織布

剪刀入刀處呈現垂直。

原寸紙型…羽子板&羽毛球・招財貓 P.95
不倒翁・鯛魚 P.38

＊羽子板&羽毛球材料
・不織布
（黑色）…11cm×11cm
（水藍色）…4cm×6cm
（白色・粉紅色）…各10cm×4cm
（紅色）…3cm×4cm
（黃綠色）…3cm×3cm
・厚紙…5cm×10cm
・大圓串珠（黑色）…2個
・手工藝用棉花…適量
・25號繡線…黑色・白色・深粉紅色・粉紅色
・手工藝用白膠

＊不倒翁材料
・不織布
（紅色）…15cm×8cm
（膚色）…5cm×4cm
（黑色）…4cm×2cm
（白色）…2cm×1cm
・香菇釦眼睛（直徑0.6cm・黑色）…2個
・水滴珠（0.3cm・白色）…1個
・手工藝用棉花…適量
・25號繡線…紅色・膚色・黑色・原色
・手工藝用白膠

＊鯛魚材料
・不織布
（粉紅色）…13cm×8cm
（深粉紅色）…8cm×4cm
（白色）…2cm×1cm
・香菇釦眼睛（直徑0.6cm・黑色）…2個
・手工藝用棉花…適量
・25號繡線…粉紅色・深粉紅色・白色
・色鉛筆（粉紅色）

＊招財貓材料
・不織布
（白色）…15cm×13cm
（紅色）…16cm×4cm
・串珠（0.4cm・黑色）…2個
・鈴鐺（銀色）…1個
・手工藝用棉花…適量
・25號繡線…白色・黑色・紅色
・手工藝用白膠

《羽子板 & 羽毛球》

1. 製作羽子板。

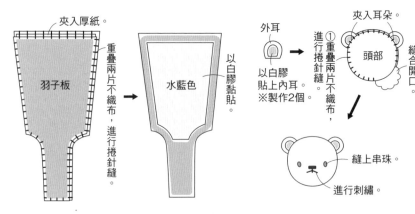

2. 製作小熊。

3. 製作花朵。

取一片不織布進行刺繡。

①重疊兩片不織布，進行捲針縫。

②填入棉花後縫合開口。

花朵

4. 縫合羽子板的裝飾部件。

將各部件分別放置於適當位置，縫上羽子板。

約9.5

葉子

完成

5. 製作羽毛球。

②填入棉花後縫合開口。

①縮縫

0.3 羽毛球圓頭

完成

約4

插入羽毛

拉緊縮縫線，縫牢固定。

約1.5

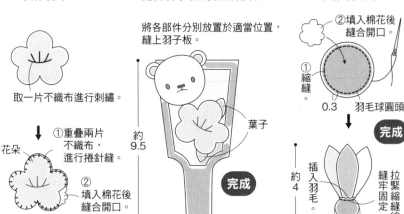

《不倒翁》

1. 於身體上製作臉部。

立針縫。

臉

身體

2. 縫合兩片身體。

①重疊兩片不織布，進行捲針縫。

②填入棉花後縫合開口。

身體

3. 製作臉部表情。

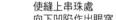

以白膠黏貼。

縫上串珠。

進行刺繡。

②拉緊線，使縫上串珠處向下凹陷作出眼窩。

香菇釦眼睛

眼白

身體

①自身體背面往斜上方出針。

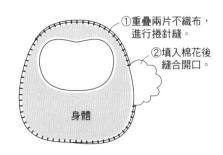

4. 於身體上進行刺繡。

完成

約7

（（大吉））

進行刺繡。

《鯛魚》

1. 於身體上進行刺繡，縫上胸鰭。

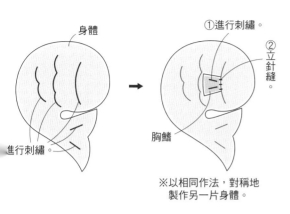

身體
進行刺繡。
①進行刺繡。
②立針縫。
胸鰭

※以相同作法，對稱地製作另一片身體。

2. 夾入背鰭，縫合兩片身體。

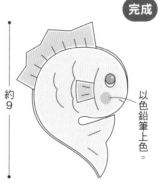

①進行刺繡。
夾入背鰭。
②重疊兩片不織布，進行捲針縫。
③填入棉花後縫合開口。

3. 縫上眼睛，製作嘴巴。

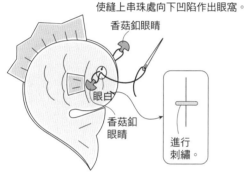

同時縫上雙眼並拉緊線，使縫上串珠處向下凹陷作出眼窩。
香菇釦眼睛
眼白
香菇釦眼睛

進行刺繡。

4. 塗上腮紅。

完成

約9

以色鉛筆上色。

《招財貓》

1. 製作頭部。

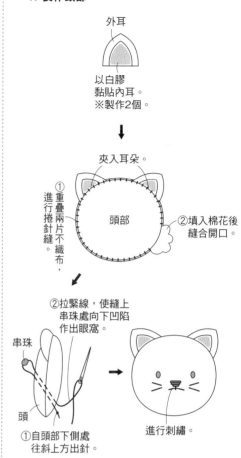

外耳
以白膠黏貼內耳。
※製作2個。

夾入耳朵。
①重疊兩片不織布，進行捲針縫。
頭部
②填入棉花後縫合開口。

②拉緊線，使縫上串珠處向下凹陷作出眼窩。
串珠
頭
①自頭部下側處往斜上方出針。
進行刺繡。

2. 製作身體。

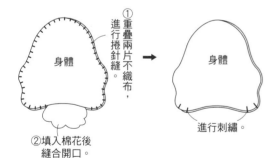

①重疊兩片不織布，進行捲針縫。
身體
身體
②填入棉花後縫合開口。
進行刺繡。

3. 製作手部。

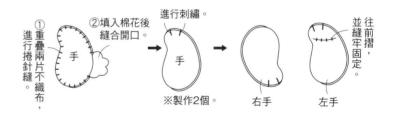

①重疊兩片不織布，進行捲針縫。
②填入棉花後縫合開口。
進行刺繡。
手
手
※製作2個。
右手
左手
往前摺，並縫牢固定。

6. 圍上脖子的裝飾，繫上鈴鐺。

4. 縫合頭部＆身體。

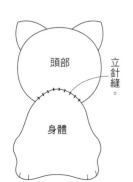

頭部
立針縫。
身體

5. 縫上雙手。

自手內側縫牢固定。

完成

約9

縫上鈴鐺固定。

＜背面＞

圍上脖子的裝飾，在背後打結。

原寸紙型…P.38至P.39

＊材料

· 不織布
（米色）…20cm×20cm·2片
（白色）…15cm×11cm
（紅褐色）…12cm×6cm
（天空藍）…12cm×5cm
（綠色）…15cm×4cm
（黑色）…10cm×5cm
（紅色）…4cm×8cm
（原色）…6cm×4cm
（豔紅色）…5cm×4cm
（淺綠色）…5cm×2cm
（苔蘚綠·黃色·紫色·粉紅色·水藍色
橘色·銘黃色·深粉紅色·祖母綠）
…各4cm×4cm
（粉橘色·淺粉紅色）…各3cm×3cm
· 棉襯…40cm×20cm
· 瓦楞紙…40cm×20cm
· 小圓珠（白色）…2個
· 0.1cm粗的繩子（綠色）…15cm
· 鐵絲（＃20·＃24）…各30cm
· 珠針…2支
· 手工藝用棉花…適量
· 25號繡線…米色·白色·紅褐色·綠色·黑色
原色·紅色·粉橘色·淺粉紅色
水藍色·橘色
灰色·黃色·咖啡色
· 手工藝用白膠
· 腮紅

4. 製作阿龜面具。

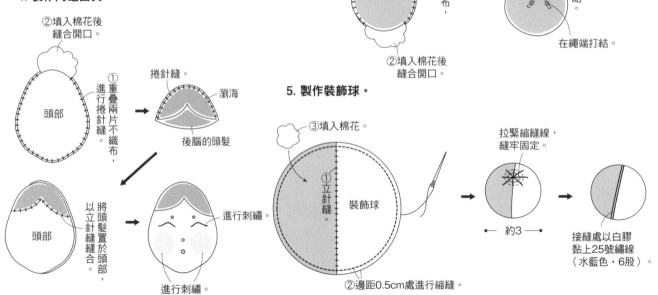

②填入棉花後
縫合開口。

捲針縫。

瀏海

後腦的頭髮

①
進行
捲針
縫
重
疊
兩
片
不
織
布
，

頭部

頭部

將
頭
髮
置
於
頭
部
，
以
立
針
縫
縫
合
。

進行刺繡。

進行刺繡。

《新年花環》

1. 製作繪馬。

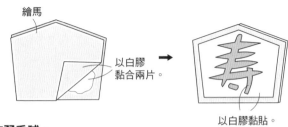

繪馬

以白膠
黏合兩片。

以白膠黏貼。

2. 製作羽毛球。

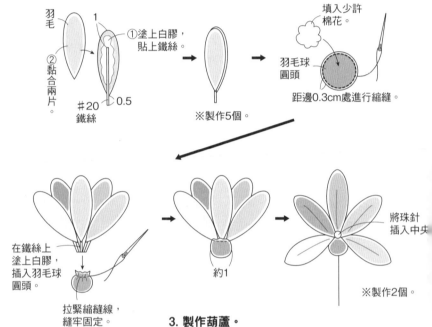

羽毛

1

①塗上白膠，
貼上鐵絲。

②黏合兩片。

＃20
鐵絲

0.5

※製作5個。

填入少許
棉花。

羽毛球
圓頭

距邊0.3cm處進行縮縫。

在鐵絲上
塗上白膠，
插入羽毛球
圓頭。

拉緊縮縫線，
縫牢固定。

約1

將珠針
插入中央

※製作2個。

3. 製作葫蘆。

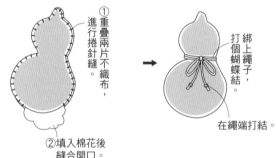

①
進行
重
疊
兩
片
不
織
布
，
進行捲針縫。

②填入棉花後
縫合開口。

綁上繩子，
打個蝴蝶結。

在繩端打結。

5. 製作裝飾球。

③填入棉花。

①
立
針
縫
。

裝飾球

拉緊縮縫線，
縫牢固定。

← 約3 →

接縫處以白膠
黏上25號繡線
（水藍色·6股）。

②邊距0.5cm處進行縮縫。

6. 製作松樹。

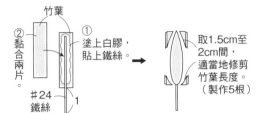

①重疊兩片不織布，
進行捲針縫。

松樹

②填入棉花後縫合開口。

7. 製作梅花。

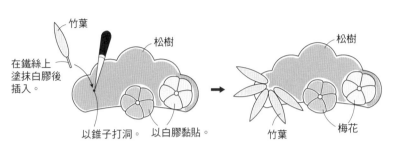

填入棉花。

距邊0.3cm處
以25號繡線
進行縮縫。
粉紅色
淺粉紅色 } 各2股

梅花

拉緊縮縫線，
作成圓球狀。

中心

以線段分為
五等分。

縫上串珠。
← 約2 →

※製作2個。

8. 製作竹葉。

竹葉

②黏合兩片。

①塗上白膠，
貼上鐵絲。

＃24
鐵絲

1

取1.5cm至
2cm間，
適當地修剪
竹葉長度。
（製作5根）

9. 在松樹上黏貼竹葉＆梅花。

竹葉

在鐵絲上
塗抹白膠後
插入。

松樹

以錐子打洞。

以白膠黏貼。

松樹

竹葉

梅花

10. 製作犬張子。

以立針縫於頭部
縫上五官。

進行刺繡。

①重疊兩片不織布，
進行捲針縫。

②填入棉花後
縫合開口。

11. 製作花環。

以熨斗熨燙黏合兩片棉襯，
再以白膠黏合兩片瓦楞紙。

花環基底。

背面・瓦楞紙2片

正面・棉襯2片

纏上寬2.5cm・長180cm
（20cm×9條）的不織布
（米色），開頭＆結尾部分
皆以白膠黏貼固定。

花環

12. 製作圓環。

以15cm的
＃24鐵絲
製作直徑
2.5cm的圓圈。

扭轉

← 2.5 →

纏上寬1cm・長15cm的不織布（米色），
以白膠黏貼固定。

圓環

13. 組裝各裝物件。

完成

＜背面＞

圓環

立針縫。

1

插入珠針。

約18

以白膠將各裝飾部件黏貼於花環上。

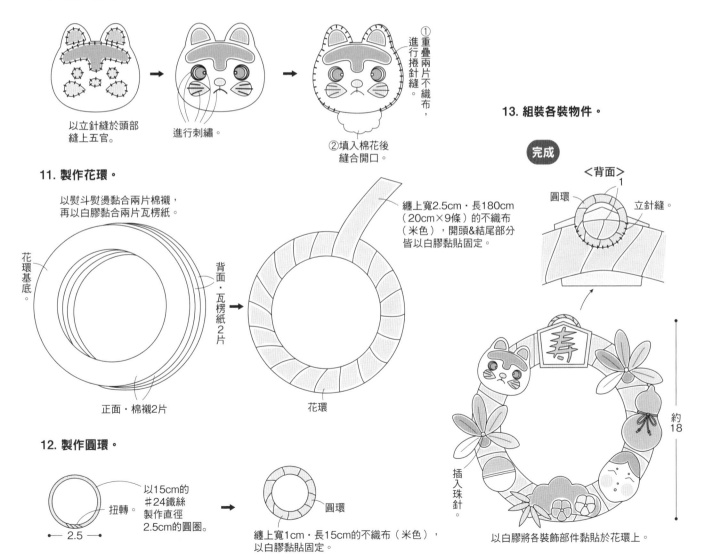

〔1．原寸紙型〕 ※除了另有指定之外，皆取3股25號繡線進行刺繡。

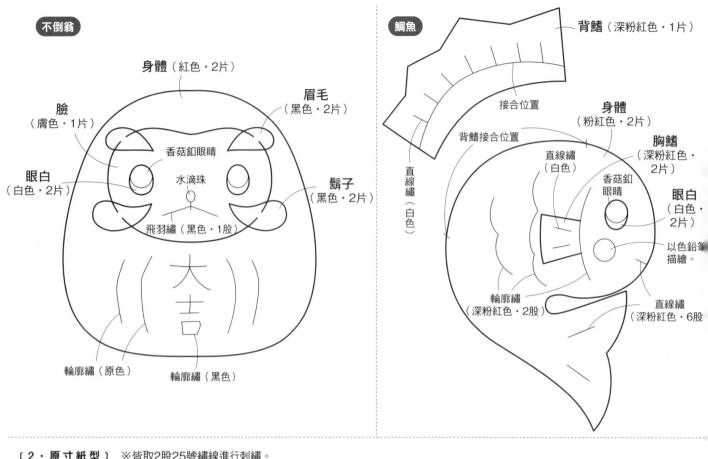

不倒翁

身體（紅色・2片）
臉（膚色・1片）
眉毛（黑色・2片）
眼白（白色・2片）
香菇釦眼睛
水滴珠
鬍子（黑色・2片）
飛羽繡（黑色・1股）
輪廓繡（原色）
輪廓繡（黑色）

鯛魚

背鰭（深粉紅色・1片）
接合位置
背鰭接合位置
直線繡（白色）
直線繡（白色）
身體（粉紅色・2片）
胸鰭（深粉紅色・2片）
香菇釦眼睛
眼白（白色・2片）
以色鉛筆描繪。
輪廓繡（深粉紅色・2股）
直線繡（深粉紅色・6股）

〔2．原寸紙型〕 ※皆取2股25號繡線進行刺繡。

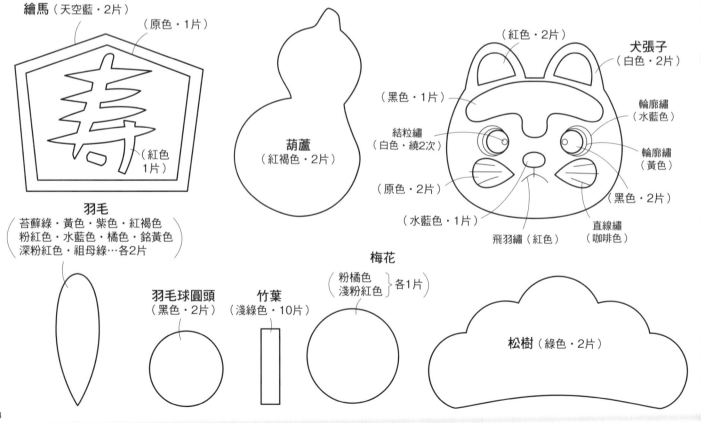

繪馬（天空藍・2片）
（原色・1片）
寿
（紅色・1片）

葫蘆（紅褐色・2片）

（紅色・2片）
犬張子（白色・2片）
（黑色・1片）
輪廓繡（水藍色）
結粒繡（白色・繞2次）
輪廓繡（黃色）
（原色・2片）
（黑色・2片）
（水藍色・1片）
飛羽繡（紅色）
直線繡（咖啡色）

羽毛
苔蘚綠・黃色・紫色・紅褐色
粉紅色・水藍色・橘色・銘黃色
深粉紅色・祖母綠…各2片

羽毛球圓頭（黑色・2片）
竹葉（淺綠色・10片）

梅花
粉橘色
淺粉紅色
各1片

松樹（綠色・2片）

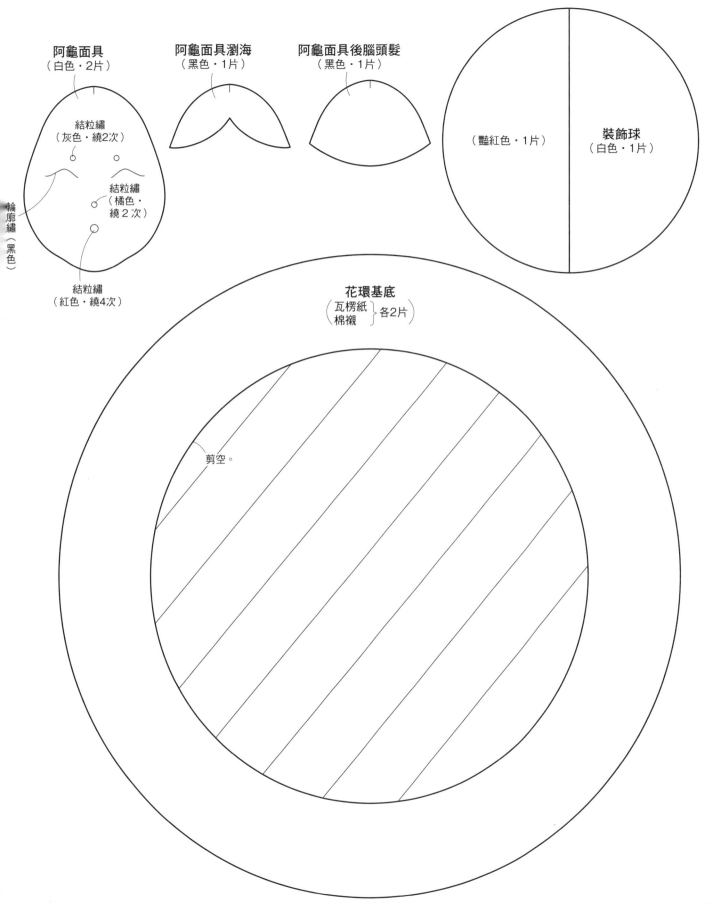

阿龜面具
（白色・2片）

結粒繡
（灰色・繞2次）

結粒繡
（橘色・
繞2次）

結粒繡
（紅色・繞4次）

輪廓繡（黑色）

阿龜面具瀏海
（黑色・1片）

阿龜面具後腦頭髮
（黑色・1片）

（豔紅色・1片）

裝飾球
（白色・1片）

花環基底
（瓦楞紙
棉襯）各2片

剪空。

原寸紙型…P.42至P.43

＊材料
・不織布
（黑色）…20cm×20cm・3片
（白色）…20cm×20cm・2片
（紅色）…20cm×20cm
（米色）…20cm×10cm
（綠色）…12cm×5cm
（黃色）…10cm×4cm
（粉紅色）…8cm×4cm
（深咖啡色）…7cm×3cm
（淺咖啡色・淺黃色）…各4cm×2cm
（淺粉紅色）…2cm×1cm
・棉襯…20cm×12cm
・海綿（厚5cm）…8.5cm×8.5cm
・手工藝用棉花…適量
・25號繡線…黑色・白色・紅色・米色・綠色
　　　　　　黃色・粉紅色・深咖啡色・淺咖啡色
　　　　　　淺黃色・淺粉紅色・深綠色
・手工藝用白膠

《阿龜面具》
1. 將瀏海＆臉縫於頭部。

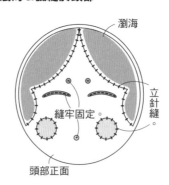

2. 縫合正反兩片頭部。

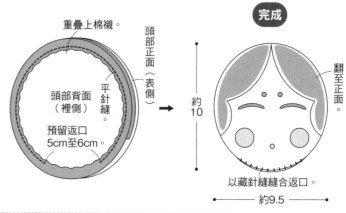

《紅鬼》
1. 將瀏海＆臉縫於頭部。

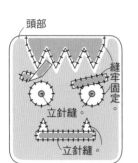

2. 製作尖角。

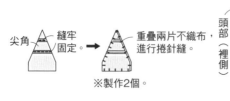

3. 縫合正反兩片頭部。

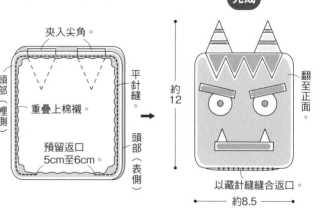

《柊葉》
1. 製作葉片。

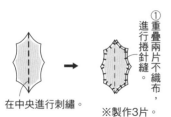

2. 製作果實。

3. 縫合柊葉＆果實。

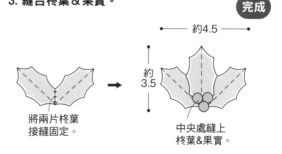

《惠方卷》

1. 製作白飯。

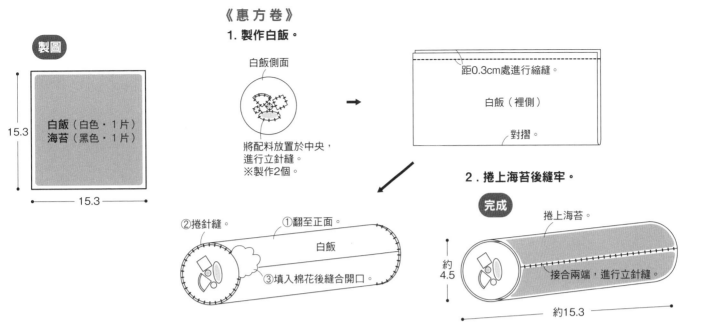

製圖

15.3

白飯（白色・1片）
海苔（黑色・1片）

15.3

白飯側面

將配料放置於中央，
進行立針縫。
※製作2個。

距0.3cm處進行縮縫。

白飯（裡側）

對摺。

2. 捲上海苔後縫牢。

②捲針縫。
①翻至正面。
白飯
③填入棉花後縫合開口。

完成

捲上海苔。

約4.5

接合兩端，進行立針縫。

約15.3

《漆盒》

1. 縫製側面裝飾。

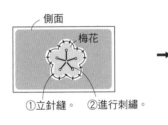

側面
梅花

①立針縫。　②進行刺繡。

縫合四邊側面。

捲針縫。

2. 縫合側面＆上蓋。

上蓋

捲針縫。

3. 為上蓋縫製開口。

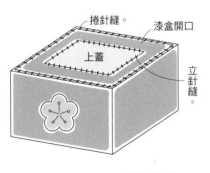

捲針縫。
漆盒開口
上蓋
立針縫。

4. 製作＆縫上豆子。

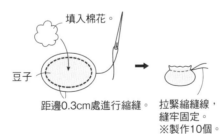

填入棉花。

豆子

距邊0.3cm處進行縮縫。

拉緊縮縫線，
縫牢固定。
※製作10個。

縫上豆子。

5. 製作底部。

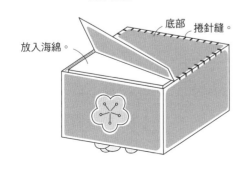

底部　捲針縫。

放入海綿。

完成

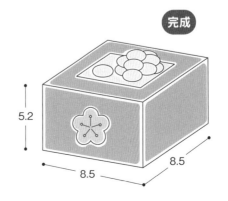

5.2

8.5

8.5

　※皆取2股25號繡線進行刺繡。

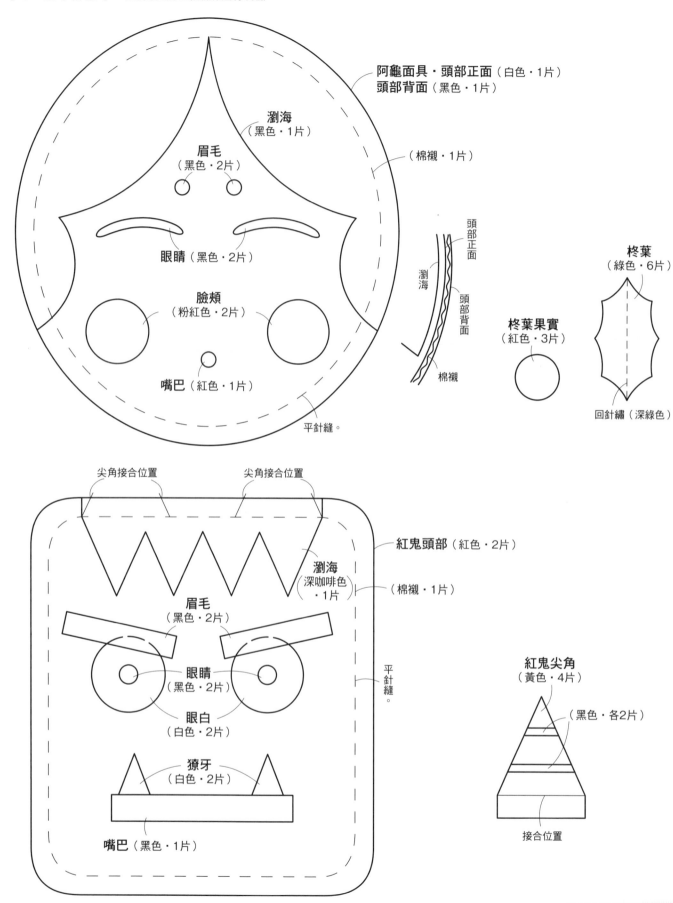

阿龜面具・頭部正面（白色・1片）
頭部背面（黑色・1片）

瀏海
（黑色・1片）

（棉襯・1片）

眉毛
（黑色・2片）

眼睛（黑色・2片）

臉頰
（粉紅色・2片）

嘴巴（紅色・1片）

平針縫。

頭部正面
瀏海
頭部背面
棉襯

柊葉
（綠色・6片）

柊葉果實
（紅色・3片）

回針繡（深綠色）

尖角接合位置　　尖角接合位置

紅鬼頭部（紅色・2片）

瀏海
（深咖啡色
・1片）

（棉襯・1片）

眉毛
（黑色・2片）

眼睛
（黑色・2片）

眼白
（白色・2片）

平針縫。

紅鬼尖角
（黃色・4片）

（黑色・各2片）

獠牙
（白色・2片）

接合位置

嘴巴（黑色・1片）

惠方捲
側面白飯
（白色·2片）

惠方捲配料

（淺黃色·2片）　　　（綠色·2片）

（黃色·2片）　　（淺咖啡色·2片）（淺粉紅色&紅色·各2片）

豆子
（米色·10片）

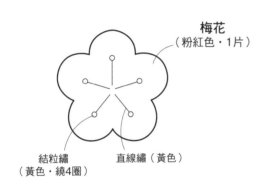

梅花
（粉紅色·1片）

結粒繡
（黃色·繞4圈）　　直線繡（黃色）

漆盒側面
（黑色·4片）

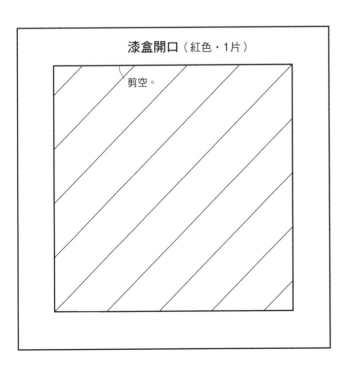

漆盒開口（紅色·1片）

剪空。

漆盒上蓋（米色·1片）
漆盒底部（黑色·1片）

原寸紙型…P.46

*材料

- 不織布
  （紅色）…20cm×16cm
  （粉紅色）…20cm×15cm
  （淺粉紅色）…20cm×10cm
  （白色）…18cm×15cm
  （米色）…16cm×16cm
  （深咖啡色）…15cm×13cm
  （咖啡色）…10 cm×8 cm
- 插入式眼珠（直徑0.4cm・黑色）…6個
  　　　　　（直徑0.4cm・咖啡色）…3個
- 水鑽（0.4cm・白色）…5個
- 緞帶（寬1cm・白色）…18cm
- 鐵絲（粗0.2cm・銀色）…30cm
- 竹籤…2支
- 手工藝用棉花…適量
- 25號繡線…紅色・粉紅色・淺粉紅色・白色・米色
  　　　　　深咖啡色・咖啡色・金色・銀色
- 手工藝用白膠

《愛心》

1. 製作愛心A。

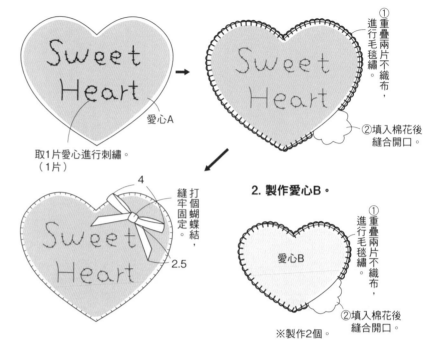

取1片愛心進行刺繡。
（1片）

愛心A

①進行重疊兩片不織布，毛毯繡。

②填入棉花後縫合開口。

4
縫牢固定。
打個蝴蝶結，
2.5

2. 製作愛心B。

愛心B

①進行重疊兩片不織布，毛毯繡。

②填入棉花後縫合開口。

※製作2個。

3. 製作愛心C。

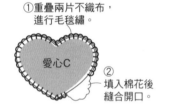

①重疊兩片不織布，進行毛毯繡。

愛心C

②填入棉花後縫合開口。

※紅色製作4個，粉紅色製作3個，淺粉紅色製作2個。

4. 縫合愛心B及愛心C。

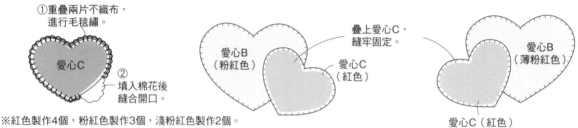

愛心B（粉紅色）

疊上愛心C，縫牢固定。

愛心C（紅色）

愛心B（薄粉紅色）

愛心C（紅色）

5. 縫合愛心C及愛心D。

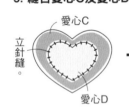

愛心C

立針縫。

愛心D

①重疊兩片不織布，進行毛毯繡。

②填入棉花後縫合開口。

以白膠貼上水鑽。

※製作5個。

<配色表>

愛心C	愛心D
深咖啡色	淺粉紅色
白色	咖啡色
深咖啡色	白色
咖啡色	深咖啡色
深咖啡色	咖啡色

《小熊邱比特》

1. 製作身體。

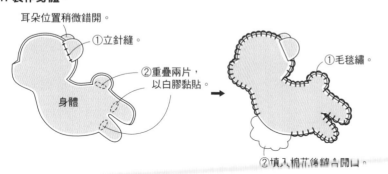

耳朵位置稍微錯開。

①立針縫。

②重疊兩片，以白膠黏貼。

身體

①毛毯繡。

②填入棉花後縫合開口。

2. 製作手部。

重疊兩片不織布，進行毛毯繡。

手

※製作2個。

3. 繡製嘴巴。

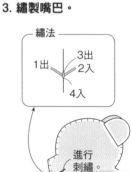

繡法

1出　3出
2入
4入

進行刺繡。

4. 裝上眼睛。

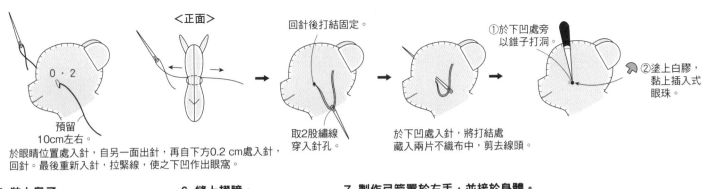

0・2

預留
10cm左右。

<正面>

回針後打結固定。

取2股繡線
穿入針孔。

於下凹處入針，將打結處
藏入兩片不織布中，剪去線頭。

①於下凹處旁
以錐子打洞。

②塗上白膠，
黏上插入式
眼珠。

於眼睛位置處入針，自另一面出針，再自下方0.2 cm處入針，
回針。最後重新入針，拉緊線，使之下凹作出眼窩。

5. 裝上鼻子。

以錐子打洞，
填入塗有白膠的插入式眼珠。

6. 縫上翅膀。

縫牢固定。

翅膀

7. 製作弓箭置於左手，並接於身體。

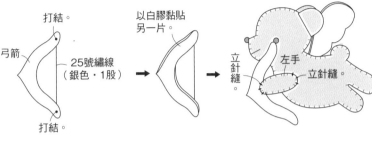

打結。

弓箭

25號繡線
（銀色・1股）

打結。

以白膠黏貼
另一片。

立針縫。

左手

立針縫。

8. 製作弓箭置於右手，並接於身體。

4.5

裁剪竹籤。

塗上白膠。

竹籤

塗上白膠。

重疊貼上。

5.5

<裡側>

箭　右手

縫牢固定。

右手

立針縫。

**9. 將愛心C置於右手，
接縫於身體。**

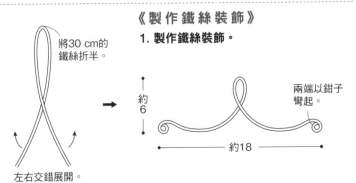

愛心C
（粉紅色）

立針縫。

立針縫。

※製作2隻拿弓箭的小熊，
1隻拿愛心的小熊。

《製作鐵絲裝飾》

1. 製作鐵絲裝飾。

將30 cm的
鐵絲折半。

約
6

約18

兩端以鉗子
彎起。

左右交錯展開。

2. 串接各物件。

完成

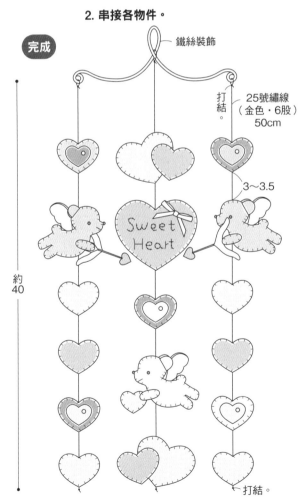

鐵絲裝飾

打結。

25號繡線
（金色・6股）
50cm

3～3.5

Sweet
Heart

約
40

打結。

取針穿入繡線，將各部件由下往上串接，綁於鐵絲裝飾上。
只在最下方處打結固定，所以各物件都可依喜好而移動。

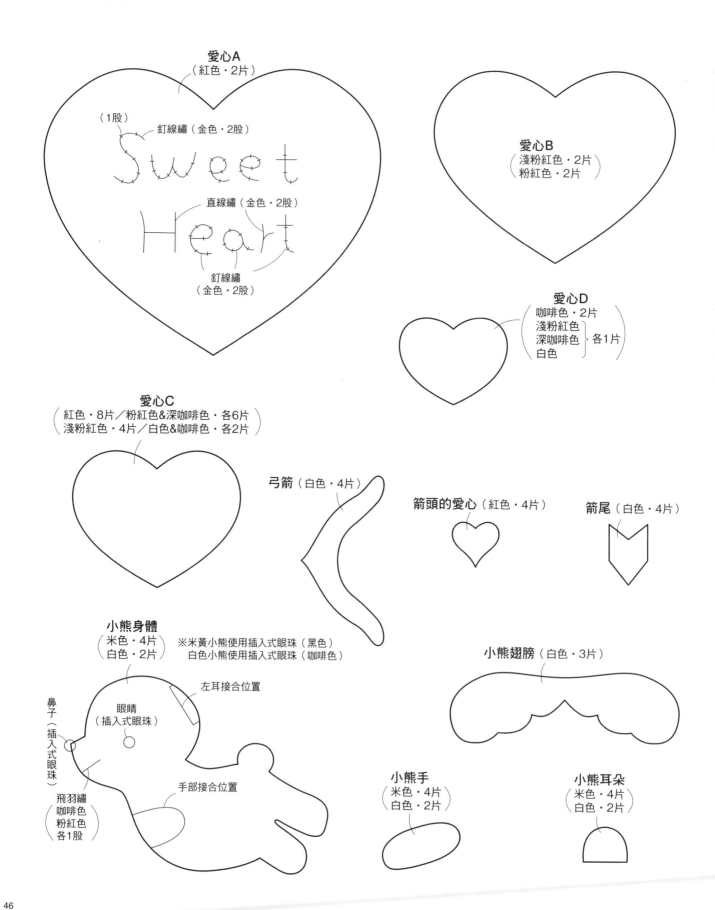

愛心A
（紅色‧2片）

（1股）
釘線繡（金色‧2股）

Sweet
Heart

直線繡（金色‧2股）

釘線繡
（金色‧2股）

愛心B
（淺粉紅色‧2片）
（粉紅色‧2片）

愛心D
（咖啡色‧2片
淺粉紅色
深咖啡色 ｝各1片
白色）

愛心C
（紅色‧8片／粉紅色&深咖啡色‧各6片）
（淺粉紅色‧4片／白色&咖啡色‧各2片）

弓箭（白色‧4片）

箭頭的愛心（紅色‧4片）

箭尾（白色‧4片）

小熊身體
（米色‧4片
白色‧2片）

※米黃小熊使用插入式眼珠（黑色）
白色小熊使用插入式眼珠（咖啡色）

小熊翅膀（白色‧3片）

左耳接合位置

鼻子（插入式眼珠）

眼睛
（插入式眼珠）

飛羽繡
咖啡色
粉紅色
各1股

手部接合位置

小熊手
（米色‧4片
白色‧2片）

小熊耳朵
（米色‧4片
白色‧2片）

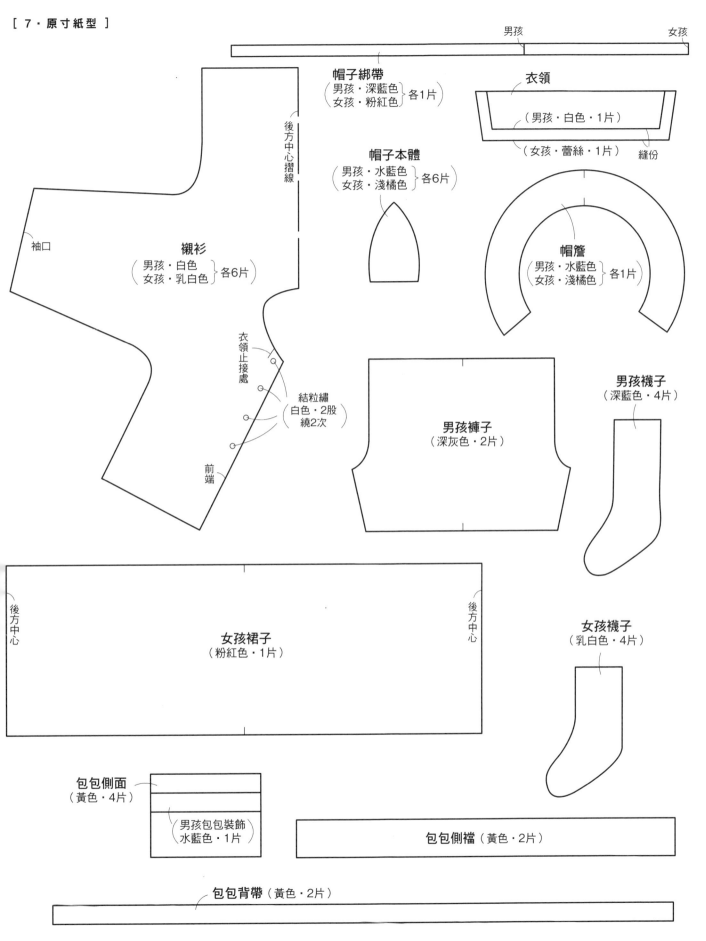

男孩　女孩

帽子綁帶
（男孩・深藍色
女孩・粉紅色）各1片

衣領
（男孩・白色・1片）
（女孩・蕾絲・1片）　縫份

後方中心摺線

帽子本體
（男孩・水藍色
女孩・淺橘色）各6片

帽簷
（男孩・水藍色
女孩・淺橘色）各1片

袖口

襯衫
（男孩・白色
女孩・乳白色）各6片

衣領止接處

結粒繡
白色・2股
繞2次

前端

男孩褲子
（深灰色・2片）

男孩襪子
（深藍色・4片）

後方中心

後方中心

女孩裙子
（粉紅色・1片）

女孩襪子
（乳白色・4片）

包包側面
（黃色・4片）

男孩包包裝飾
水藍色・1片

包包側襠（黃色・2片）

包包背帶（黃色・2片）

原寸紙型…P.50至P.51

＊材料

- ・不織布
  - （紅色）…20cm×20cm・3片
  - （白色）…20cm×20cm
  - （黃綠色）…14cm×12cm
  - （粉紅色）…13cm×8cm
  - （淺粉紅色）…12cm×9cm
  - （黃色）…10cm×5cm
  - （紫色）…11cm×4cm
  - （祖母綠）…10cm×4cm
  - （橘色・黑色）…各5cm×3cm
- ・厚紙…35cm×35cm
- ・蕾絲（0.6cm寬）…80cm
- ・手工藝用棉花…適量
- ・25號繡線…紅色・白色・黃綠色・黑色・深咖啡色
- ・手工藝用白膠
- ・色鉛筆（粉紅色）

《天皇殿下・皇后娃娃・三人宮女》

1. 製作頭部。

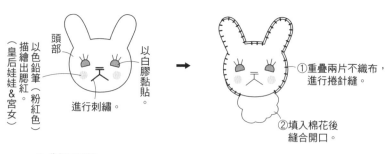

頭部

以色鉛筆描繪出腮紅（粉紅色）（皇后娃娃＆宮女）

進行刺繡。

以白膠黏貼。

①重疊兩片不織布，進行捲針縫。

②填入棉花後縫合開口。

2. 製作身體。

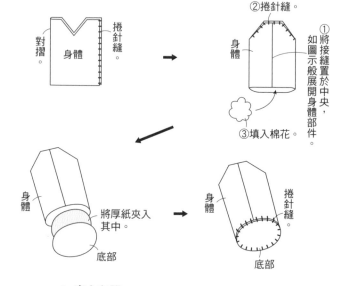

對摺　身體　捲針縫。

②捲針縫。

身體

①將接縫置於中央，如圖示般展開身體部件。

③填入棉花。

身體　將厚紙夾入其中。　底部

身體　捲針縫。　底部

3. 縫合頭部及身體。

〈背後〉

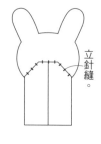

立針縫。

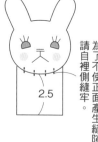

2.5

為了不使正面產生縫隙，請自裡側縫牢。

4. 穿上和服。

以白膠黏貼和服裡衣。

將和服外衣稍微錯開，以白膠黏貼。

以白膠黏貼愛心。

5. 貼上小裝飾。

完成

〈天皇殿下〉

約6.5

〈皇后娃娃〉

以白膠黏貼。

以白膠黏貼。

以白膠黏貼小物。

〈三人宮女〉　**完成**

以白膠黏貼小物。

《屏風》

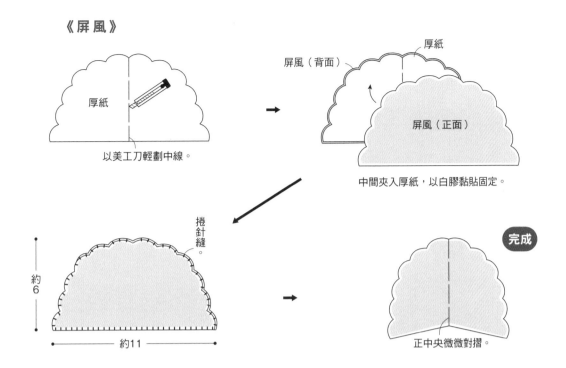

以美工刀輕劃中線。

屏風（背面）

厚紙

屏風（正面）

中間夾入厚紙，以白膠黏貼固定。

捲針縫。

約6

約11

完成

正中央微微對摺。

《台階》

1. 製作上段台階基底。

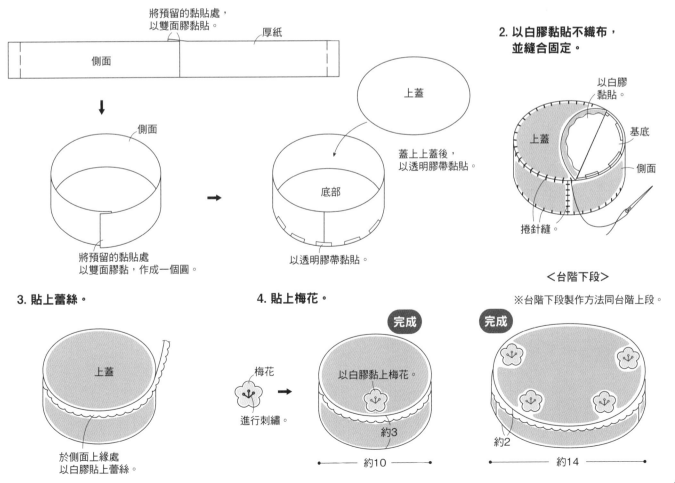

將預留的黏貼處，以雙面膠黏貼。

厚紙

側面

側面

將預留的黏貼處以雙面膠黏，作成一個圓。

上蓋

蓋上上蓋後，以透明膠帶黏貼。

底部

以透明膠帶黏貼。

2. 以白膠黏貼不織布，並縫合固定。

以白膠黏貼。

上蓋

基底

側面

捲針縫

<台階下段>

※台階下段製作方法同台階上段。

3. 貼上蕾絲。

上蓋

於側面上緣處以白膠貼上蕾絲。

4. 貼上梅花。

梅花

進行刺繡。

完成

以白膠黏上梅花。

約3

約10

完成

約2

約14

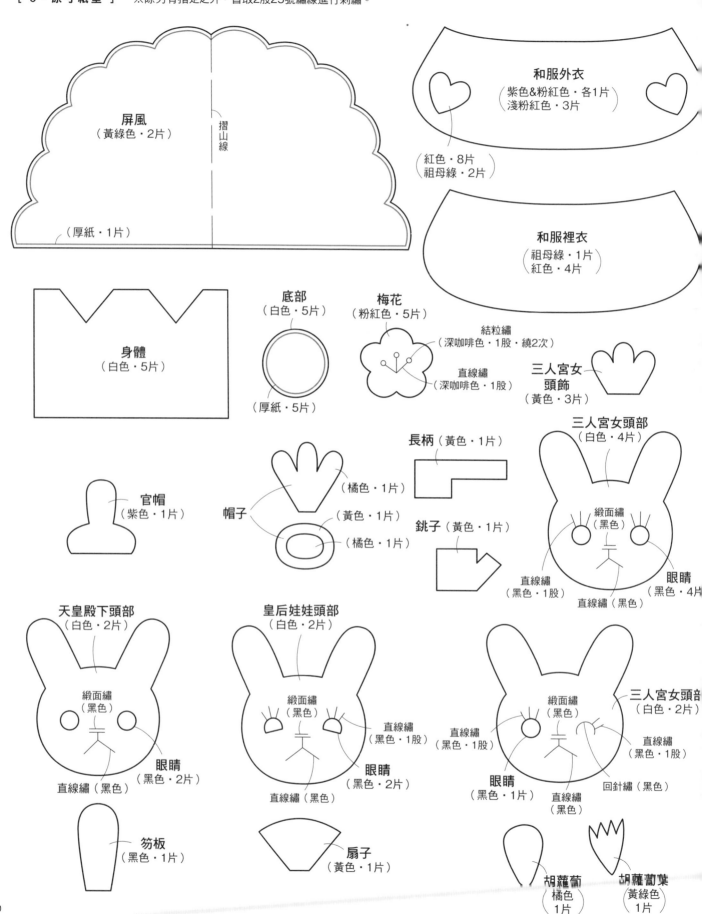

屏風
（黃綠色・2片）

摺山線

（厚紙・1片）

和服外衣
（紫色&粉紅色・各1片）
（淺粉紅色・3片）

（紅色・8片）
（祖母綠・2片）

和服裡衣
（祖母綠・1片）
（紅色・4片）

身體
（白色・5片）

底部
（白色・5片）

（厚紙・5片）

梅花
（粉紅色・5片）

結粒繡
（深咖啡色・1股・繞2次）

直線繡
（深咖啡色・1股）

三人宮女
頭飾
（黃色・3片）

官帽
（紫色・1片）

帽子

（橘色・1片）

（黃色・1片）

（橘色・1片）

長柄（黃色・1片）

銚子（黃色・1片）

三人宮女頭部
（白色・4片）

緞面繡
（黑色）

眼睛
（黑色・4片）

直線繡
（黑色・1股）

直線繡（黑色）

天皇殿下頭部
（白色・2片）

緞面繡
（黑色）

眼睛
（黑色・2片）

直線繡（黑色）

笏板
（黑色・1片）

皇后娃娃頭部
（白色・2片）

緞面繡
（黑色）

直線繡
（黑色・1股）

眼睛
（黑色・2片）

直線繡（黑色）

扇子
（黃色・1片）

緞面繡
（黑色）

直線繡
（黑色・1股）

三人宮女頭部
（白色・2片）

直線繡
（黑色・1股）

回針繡（黑色）

眼睛
（黑色・1片）

直線繡
（黑色）

胡蘿蔔
橘色
1片

胡蘿蔔葉
（黃綠色）
1片

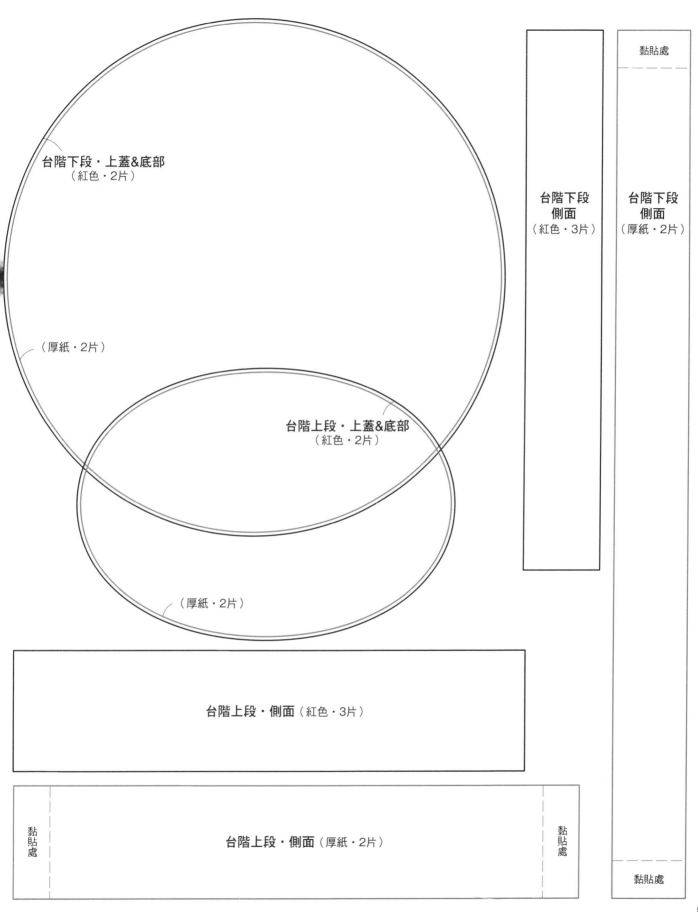

台階下段・上蓋&底部
（紅色・2片）

（厚紙・2片）

台階上段・上蓋&底部
（紅色・2片）

（厚紙・2片）

台階下段
側面
（紅色・3片）

台階下段
側面
（厚紙・2片）

黏貼處

黏貼處

台階上段・側面（紅色・3片）

台階上段・側面（厚紙・2片）

黏貼處

黏貼處

黏貼處

51

原寸紙型…P.54至P.54

＊材料
・不織布
（奶油色）…20cm×20cm
（深咖啡色）…20cm×10cm
（粉紅色）…15cm×9cm
（黃綠色）…13cm×12cm
（淺藍色・淺橘色）…各11cm×7cm
（淺咖啡色）…13cm×6cm
（淺粉紅色）…10cm×7cm
（膚色）…10cm×6cm
（白色）…9cm×9cm
（黃色）…8cm×6cm
（水藍色）…5cm×3cm
・厚紙…11cm×9cm
・壓克力珠（直徑1cm・透明色）…8個
　　　　（直徑1.2cm・粉紅色）…3個
　　　　（直徑1.2cm・水藍色）…2個
・木珠（直徑0.3cm・木頭原色）…7個
・竹筷…1雙
・手工藝用棉花…適量
・25號繡線…奶油色・白色・灰色・淺咖啡色・水藍色
・手工藝用白膠
・腮紅

《天皇殿下・皇后娃娃・三人宮女》

1. 製作臉部・瀏海・花朵

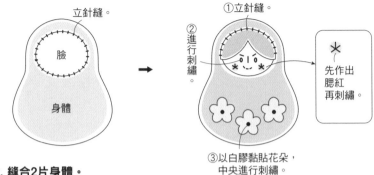

2. 縫合2片身體。

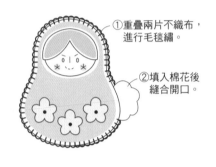

3. 製作小物。

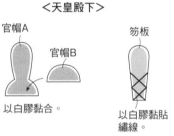

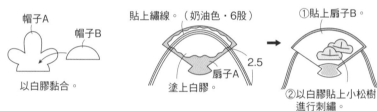

4. 貼上小物。

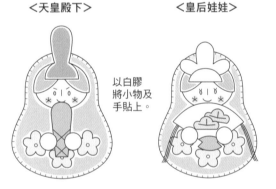

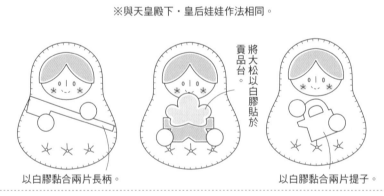

《橘子＆櫻花植木》

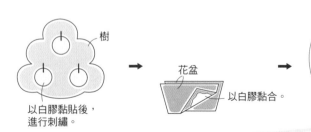

《菱餅》

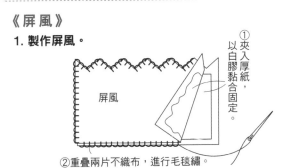

基底

以白膠黏合。

→ 以白膠黏貼 A・B・C。

→ ※製作2個。

《桃花》

立針縫。
（奶油色・3股）

①重疊兩片不織布，進行毛毯繡。

②填入棉花後縫合開口。

進行刺繡。

《屏風》

1. 製作屏風。

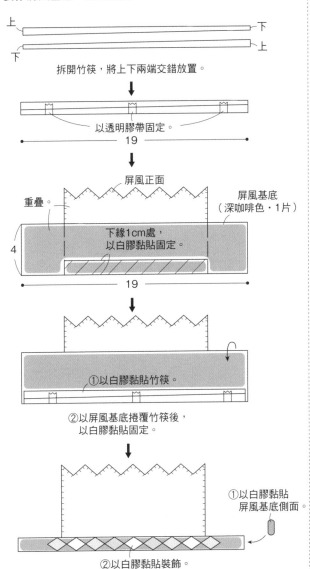

屏風

①夾入厚紙，以白膠黏合固定。

②重疊兩片不織布，進行毛毯繡。

2. 製作屏風基底，黏上屏風。

上 ─── 下
下 ─── 上

拆開竹筷，將上下兩端交錯放置。

以透明膠帶固定。
── 19 ──

屏風正面

重疊。

屏風基底
（深咖啡色・1片）

下緣1cm處，以白膠黏貼固定。

── 19 ──

4

①以白膠黏貼竹筷。

②以屏風基底捲覆竹筷後，以白膠黏貼固定。

①以白膠黏貼屏風基底側面

②以白膠黏貼裝飾。

《棒子》

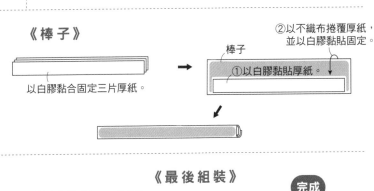

以白膠黏合固定三片厚紙。

→ 棒子

①以白膠黏貼厚紙。

②以不織布捲覆厚紙，並以白膠黏貼固定。

《最後組裝》

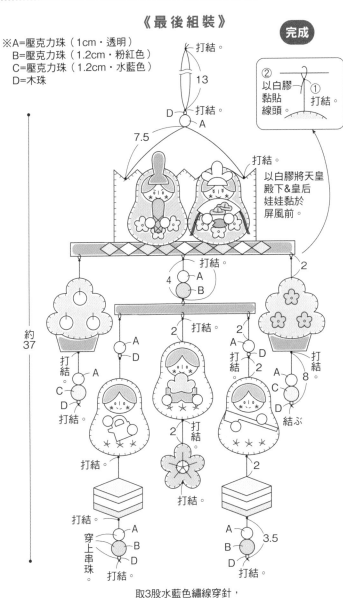

※A=壓克力珠（1cm・透明）
　B=壓克力珠（1.2cm・粉紅色）
　C=壓克力珠（1.2cm・水藍色）
　D=木珠

完成

②以白膠黏貼線頭。
①打結。

打結。
13
D A
7.5
打結。

以白膠將天皇殿下&皇后娃娃黏於屏風前。

打結。
4 A
　 B 2

打結。 2
A D 2
打結。 A 2
A D 打結。
8
C A
D C
打結。 D
結ぶ

約
37

2
打結。

A
打結。 D 打結。
2

穿上串珠。
A
B
D
打結。

A
B 3.5
D
打結。

取3股水藍色繡線穿針，由下往上串起各物件。

53

※除了另有指定之外，皆取2股25號繡線進行刺繡。
※毛毯繡皆取3股25號繡線。

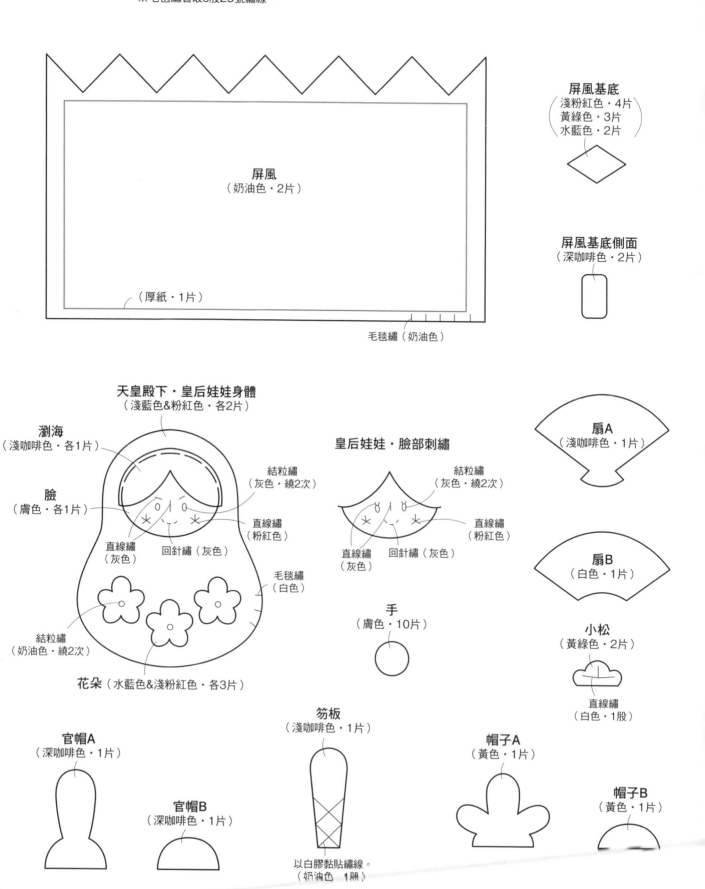

屏風
（奶油色‧2片）

（厚紙‧1片）

毛毯繡（奶油色）

屏風基底
（淺粉紅色‧4片）
（黃綠色‧3片）
（水藍色‧2片）

屏風基底側面
（深咖啡色‧2片）

天皇殿下‧皇后娃娃身體
（淺藍色&粉紅色‧各2片）

瀏海
（淺咖啡色‧各1片）

臉
（膚色‧各1片）

結粒繡
（灰色‧繞2次）

直線繡
（粉紅色）

直線繡
（灰色）

回針繡（灰色）

毛毯繡
（白色）

結粒繡
（奶油色‧繞2次）

花朵（水藍色&淺粉紅色‧各3片）

皇后娃娃‧臉部刺繡

結粒繡
（灰色‧繞2次）

直線繡
（粉紅色）

直線繡
（灰色）

回針繡（灰色）

手
（膚色‧10片）

扇A
（淺咖啡色‧1片）

扇B
（白色‧1片）

小松
（黃綠色‧2片）

直線繡
（白色‧1股）

官帽A
（深咖啡色‧1片）

官帽B
（深咖啡色‧1片）

笏板
（淺咖啡色‧1片）

以白膠黏貼繡線。
（奶油色‧1股）

帽子A
（黃色‧1片）

帽子B
（黃色‧1片）

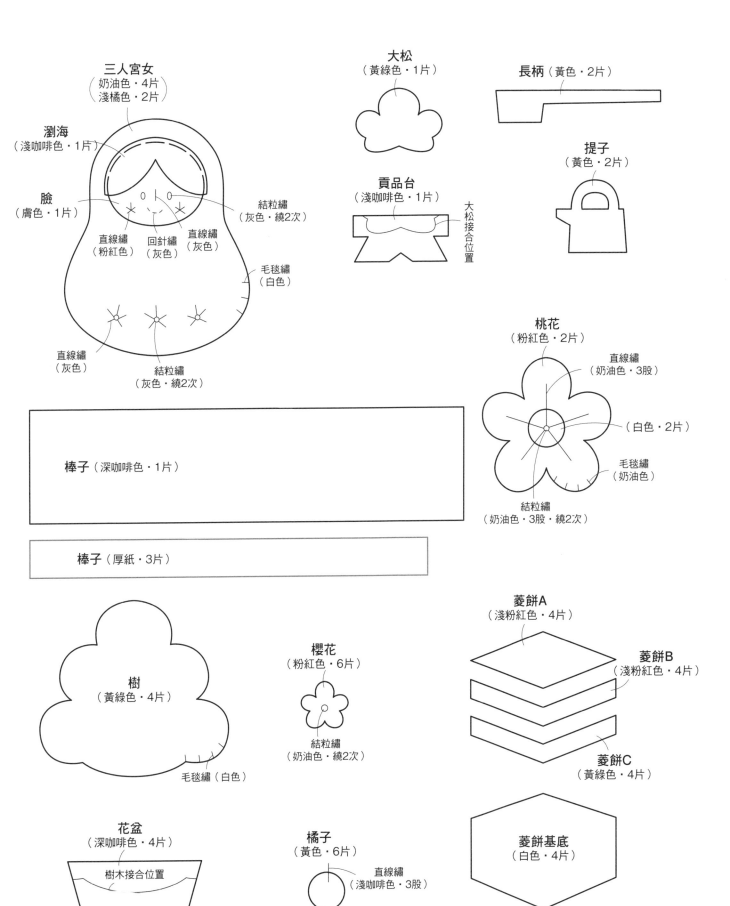

三人宮女
（奶油色・4片）
（淺橘色・2片）

瀏海
（淺咖啡色・1片）

臉
（膚色・1片）

直線繡
（粉紅色）

回針繡
（灰色）

直線繡
（灰色）

結粒繡
（灰色・繞2次）

毛毯繡
（白色）

直線繡
（灰色）

結粒繡
（灰色・繞2次）

大松
（黃綠色・1片）

貢品台
（淺咖啡色・1片）

大松接合位置

長柄（黃色・2片）

提子
（黃色・2片）

桃花
（粉紅色・2片）

直線繡
（奶油色・3股）

（白色・2片）

毛毯繡
（奶油色）

結粒繡
（奶油色・3股・繞2次）

棒子（深咖啡色・1片）

棒子（厚紙・3片）

樹
（黃綠色・4片）

毛毯繡（白色）

櫻花
（粉紅色・6片）

結粒繡
（奶油色・繞2次）

菱餅A
（淺粉紅色・4片）

菱餅B
（淺粉紅色・4片）

菱餅C
（黃綠色・4片）

花盆
（深咖啡色・4片）

樹木接合位置

橘子
（黃色・6片）

直線繡
（淺咖啡色・3股）

菱餅基底
（白色・4片）

原寸紙型…P.47

＊材料
・不織布
（黃綠色）…22cm×22cm
（乳白色・白色）…各16cm×14cm
（黃色）…18cm×6cm
（粉紅色）…14cm×6cm
（深灰色）…13cm×7cm
（深藍色）…10cm×6cm
（水藍色・淺橘色）…各11cm×5cm
・木棉（淺黃色）…22cm×22cm
・棉襯… 9cm×4cm
・瓦楞紙…20cm×20cm
・厚紙…20cm×20cm
・水兵帶（0.8cm寬・白色）…13cm
・蕾絲（1.3cm寬）…6cm
・緞帶（0.8cm寬・深藍色×白色）…7cm
・蕾絲貼花（1.2cm）…1個
・寬0.1cm 繩子（綠色）…10cm
・保麗龍球（直徑2.5cm）…1個
・手工藝用棉花…適量
・25號繡線…白色・黃色・粉紅色・深灰色
　　　　　　深藍色・水藍色
・手工藝用白膠

《女孩衣服》
1. 製作襯衫。

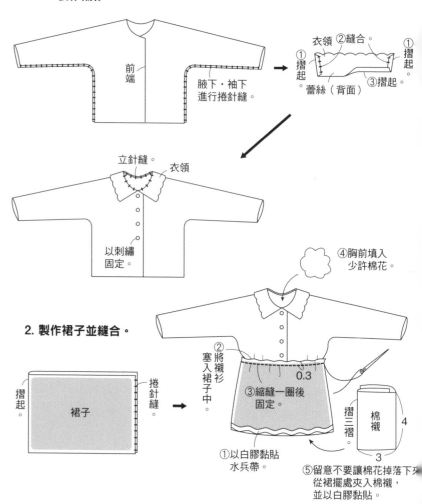

2. 製作裙子並縫合。

《男孩衣服》
1. 製作襯衫。

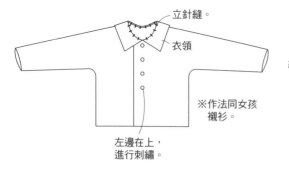

2. 製作領結

3. 製作褲子並縫合。

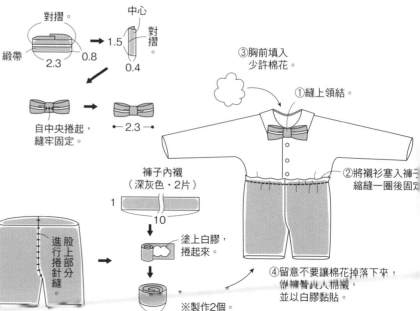

《襪子》

②填入少量棉花。

①重疊兩片不織布，進行捲針縫。

※製作2個。

《包包》

1. 縫合側面＆側襠。

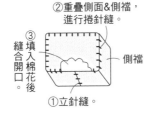

②重疊側面＆側襠，進行捲針縫。

③縫合開口。

填入棉花後

側襠

①立針縫。

2. 裝上背帶。

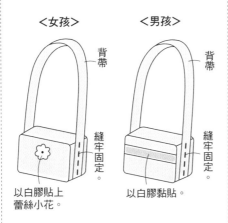

＜女孩＞　　　　　＜男孩＞

背帶　　　　　　　背帶

縫牢固定。　　　　縫牢固定。

以白膠貼上蕾絲小花。　　以白膠黏貼。

《帽子》

1. 縫製帽子本體。

捲針縫。

帽子本體　重疊兩片不織布，進行捲針縫。

縫合六片。

2. 縫合帽子本體及帽沿。

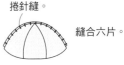 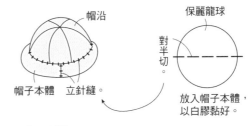

帽沿　　　　　　　保麗龍球

對半切。

帽子本體　立針縫。

放入帽子本體，以白膠黏好。

3. 黏上緞帶。

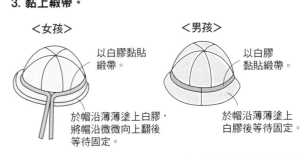

＜女孩＞　　　　　　＜男孩＞

以白膠黏貼緞帶。　　以白膠黏貼緞帶。

於帽沿薄薄塗上白膠，將帽沿微微向上翻後等待固定。

於帽沿薄薄塗上白膠後等待固定。

製圖

基底
瓦楞紙
厚紙
各1片

─ 20 ─

基底
不織布・黃綠色
木棉・淺黃色
各1片

─ 22 ─

《最後組裝》

1. 製作基底。

不織布（黃綠色）

①剪出牙口。

基底正面
瓦楞紙

②內摺1cm，以白膠黏貼。

以白膠黏貼繩子。

2
1

基底正面

厚紙

基底正面

以白膠黏合。

※厚紙及木棉作法亦同。

2. 於基底上組合各物件。

完成

基底正面

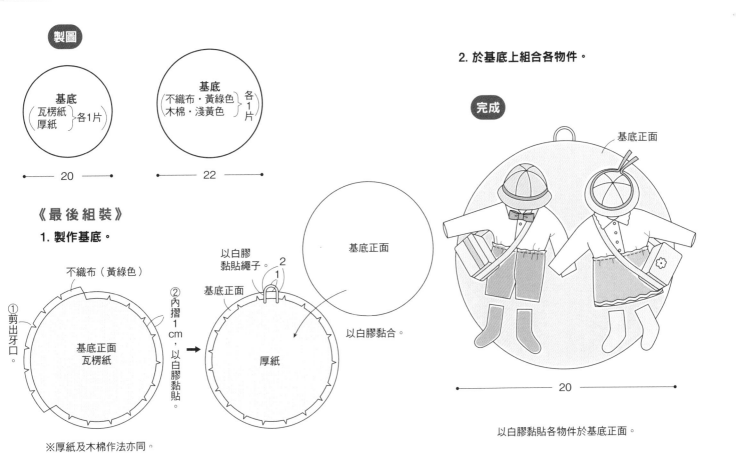

─ 20 ─

以白膠黏貼各物件於基底正面。

原寸紙型…P.60

＊材料

・不織布
（深咖啡色）…11cm×7cm
（淺咖啡色）…11cm×5cm
（黃綠色）…10cm×4cm
（膚色）…9cm×4cm
（淺粉紅色・深粉紅色・深米色）…各8cm×6cm
（淺藍色）…6cm×7cm
（藍色）…7cm×5cm
（黃色）…10cm×2cm
（紅色）…5cm×3cm
（白色）…4cm×3cm
・蕾絲（1.8cm寬）…8cm
・緞帶（0.3cm寬・白色）…35cm
・麂皮（0.3cm寬・咖啡色）…35cm
・竹籤…2支
・手工藝用棉花…適量
・25號繡線…深咖啡色・淺咖啡色・白色・黃綠色
　　　　　　膚色・淺粉紅色・深粉紅色・深米色
　　　　　　淺藍色・藍色・紅色・橘色・粉紅色
・手工藝用白膠

《母親》

1. 製作頭部。

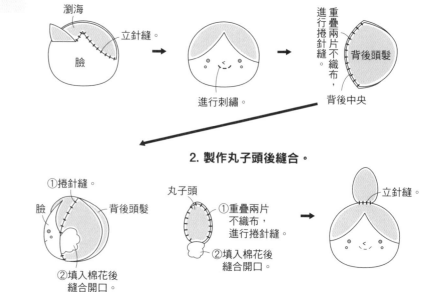

2. 製作丸子頭後縫合。

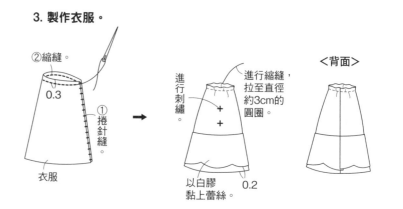

3. 製作衣服。

4. 縫合臉&衣服。

完成

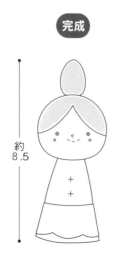

《父親》

2. 製作衣服。

※步驟1・3與母親步驟1・4作法相同。

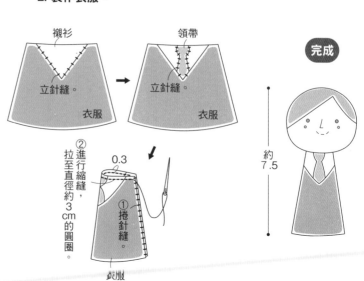

完成

約7.5

《康乃馨》

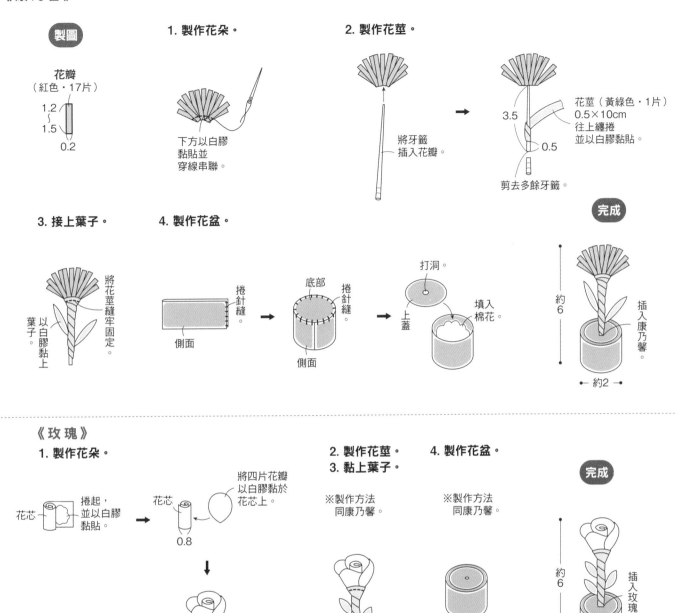

製圖

花瓣
（紅色‧17片）

1.2
1.5
0.2

1. 製作花朵。

下方以白膠
黏貼並
穿線串聯。

2. 製作花莖。

將牙籤
插入花瓣。

3.5
0.5

剪去多餘牙籤。

花莖（黃綠色‧1片）
0.5×10cm
往上纏捲
並以白膠黏貼。

3. 接上葉子。

將花莖縫牢固定。
以白膠黏上葉子。

4. 製作花盆。

側面

底部
捲針縫
側面

捲針縫

打洞。
上蓋
填入棉花。

完成

約6
約2

插入康乃馨。

《玫瑰》

1. 製作花朵。

花芯
捲起，並以白膠黏貼。

花芯
0.8

將四片花瓣
以白膠黏於
花芯上。

2. 製作花莖。
3. 黏上葉子。

※製作方法
同康乃馨。

4. 製作花盆。

※製作方法
同康乃馨。

完成

約6
約2

插入玫瑰。

《禮物 A‧B》

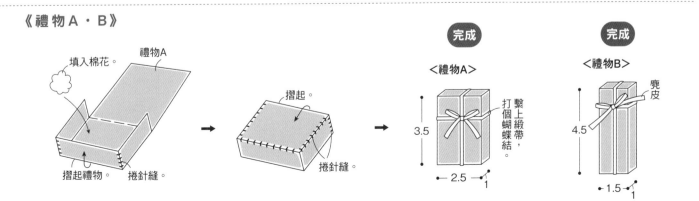

填入棉花。
禮物A

摺起禮物。
捲針縫。

摺起。

捲針縫。

完成

<禮物A>

3.5
2.5
1

繫上緞帶，打個蝴蝶結。

完成

<禮物B>

4.5
1.5
1

麂皮

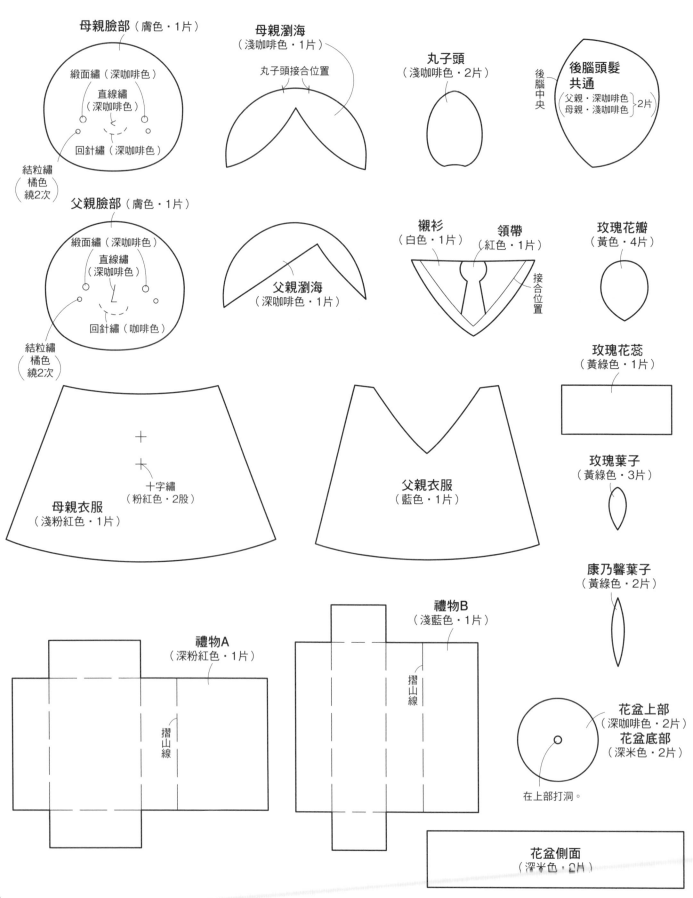

母親臉部（膚色・1片）

緞面繡（深咖啡色）
直線繡（深咖啡色）
回針繡（深咖啡色）
結粒繡（橘色 繞2次）

母親瀏海（淺咖啡色・1片）
丸子頭接合位置

丸子頭（淺咖啡色・2片）

後腦頭髮共通
後腦中央
父親・深咖啡色
母親・淺咖啡色 ｝2片

父親臉部（膚色・1片）

緞面繡（深咖啡色）
直線繡（深咖啡色）
回針繡（咖啡色）
結粒繡（橘色 繞2次）

父親瀏海（深咖啡色・1片）

襯衫（白色・1片）
領帶（紅色・1片）
接合位置

玫瑰花瓣（黃色・4片）

玫瑰花蕊（黃綠色・1片）

玫瑰葉子（黃綠色・3片）

母親衣服（淺粉紅色・1片）
十字繡（粉紅色・2股）

父親衣服（藍色・1片）

康乃馨葉子（黃綠色・2片）

禮物A（深粉紅色・1片）
摺山線

禮物B（淺藍色・1片）
摺山線

花盆上部（深咖啡色・2片）
花盆底部（深米色・2片）
在上部打洞。

花盆側面（深米色・2片）

〔 9 · 原寸紙型 〕
※除了另有指定之外，皆取2股25號繡線進行刺繡。

柏餅

直線繡
（淺綠色・1股）

柏葉
（深綠色・2片）

餅
白色
淺粉紅色 } 各1片

劃開切口。

以回針繡縫合。
（白色・粉紅色）

菖蒲

花莖
（綠色・2片）

葉子
（綠色・4片）

小花瓣
（紫色
6片）

圖樣（銘黃色・6片）

大花瓣
（紫色・6片）

武士頭盔

頭盔底部
（藍色・1片）

頭盔
前方飾片
（黃色・1片）

頭盔本體
（紅色・8片）

十字繡（紅色）

平針繡（紅色）

縫份

頭盔護片A
（藍色・1片）

縫份

十字繡（紅色）

平針繡（紅色）

側邊護片A
（紅色・2片）

側邊護片B
（藍色・2片）

縫份

頭盔前緣
（藍色・1片）

十字繡
（藍色）

縫份

前裝飾
（黃色・1片）

頭盔裝飾
（黃色・1片）

頭盔護片B（紅色・1片）

台座A・上部&底部
（黑色・2片）

（厚紙・2片）

台座A・側面
（黑色・1片）

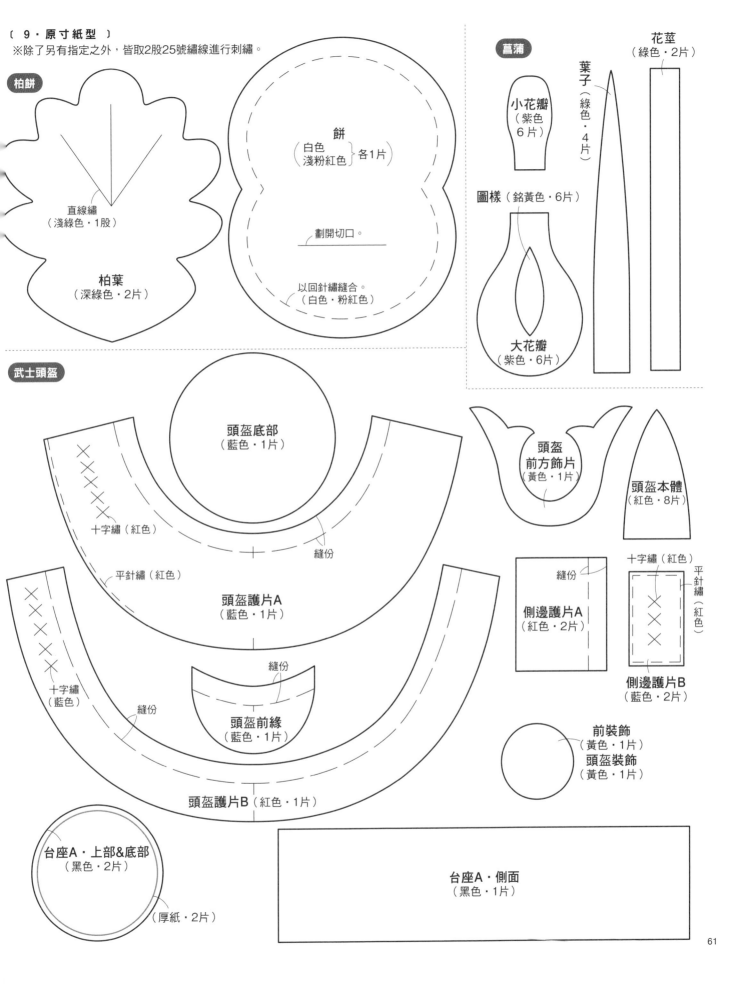

原寸紙型…P.61

＊柏餅材料
・不織布
（深綠色）…13cm×8cm
（白色・淺粉紅色）…各7cm×9cm
・手工藝用棉花…適量
・25號繡線…白色・淺粉紅色・淺綠色

＊武士頭盔＆台座C材料
・不織布
（紅色）…20cm×10cm
（藍色）…15cm×10cm
（黑色）…20cm×5cm
（黃色）…9cm×4cm
・厚紙…28cm×15cm
・包裝紙（黑色）…24cm×15cm
・鈕釦（直徑0.7cm）…2個
・粗0.2cm的繩子（紅色）…40cm
・手工藝用棉花…適量
・25號繡線…紅色・藍色・黑色・黃色
・手工藝用白膠

＊菖蒲＆花瓶材料
・不織布
（紫色）…14cm×10cm
（綠色）…8cm×9cm
（鉻黃色）…6cm×3cm
・厚紙・包裝紙（黑色）…各6cm×2cm
・鐵絲（#20）…16cm
・25號繡線…紫色・綠色・鉻黃色
・手工藝用白膠

＊台座B材料（2個份）
・厚紙・包裝紙（黑色）…各16cm×8cm
・手工藝用白膠
・油性筆（黑色）

《柏餅》

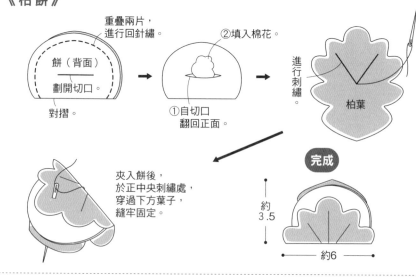

重疊兩片，進行回針繡。
餅（背面）
劃開切口。
對摺。
①自切口翻回正面。
②填入棉花。
進行刺繡。
柏葉
完成
夾入餅後，於正中央刺繡處，穿過下方葉子，縫牢固定。
約3.5
約6

《菖蒲》

1. 製作小花瓣。

①將三片小花瓣，分別錯開一半後重疊。
②距下緣0.5處，進行縮縫。
拉緊縮縫線，纏繞2圈後縫牢固定。

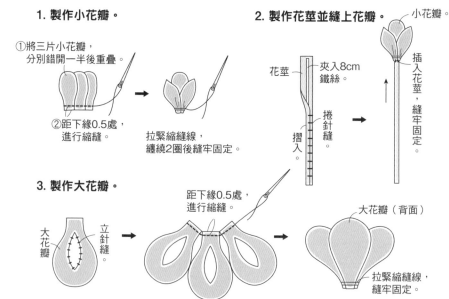

2. 製作花莖並縫上花瓣。
小花瓣
花莖
夾入8cm鐵絲。
捲針縫
摺入。
插入花莖，縫牢固定。

3. 製作大花瓣。
大花瓣
立針縫。
距下緣0.5處，進行縮縫。
大花瓣（背面）
拉緊縮縫線，縫牢固定。

4. 縫上大花瓣。

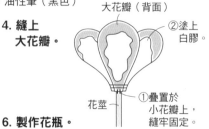

大花瓣（背面）
②塗上白膠。
①疊置於小花瓣上，縫牢固定。
花莖

6. 製作花瓶。

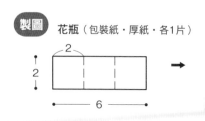

5. 貼上葉子。

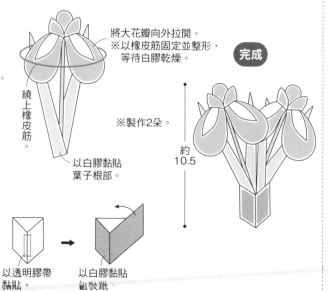

將大花瓣向外拉開。
※以橡皮筋固定並整形，等待白膠乾燥。
完成
繞上橡皮筋。
※製作2朵。
以白膠黏貼葉子根部。
約10.5

製圖　花瓶（包裝紙・厚紙・各1片）
2
6
以透明膠帶黏貼。
以白膠黏貼包裝紙。

製圖
台座B
（厚紙包裝紙）各2片
8
8

《台座B》

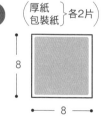

包裝紙
完成
8
以白膠黏貼。
厚紙邊緣以油性筆塗寫
厚紙

《武士頭盔》

1. 製作頭盔本體

頭盔本體

捲針縫。

→

縫合8片。

2. 製作頭盔護片。

以平針繡縫牢固定。

頭盔護片B

頭盔護片A

進行刺繡。

3. 將頭盔護片縫於頭盔本體上。

頭盔本體

立針縫。

頭盔護片

頭盔前緣

4. 製作側邊護片，並縫牢固定。

側邊護片B

0.2

側邊護片A

①進行刺繡。

②以平針繡縫牢固定。

縫牢固定。

以平針繡縫牢固定。（紅色）

0.3

側邊護片A（背面）

→

向外摺

回縫1針加強固定。

5. 製作頭盔底部。

頭盔護片B（背面）

②填入棉花後縫合開口。

頭盔底部

①立針縫。

6. 製作前裝飾＆頭盔裝飾。

將鈕釦置於中間。

裝飾

距邊0.3cm處，進行縮縫。

→

拉緊縮縫線，縫牢固定。

※製作2個。

7. 替頭盔加上裝飾＆頭盔前方飾片。

將頭盔裝飾縫於正中央。

頭盔前方飾片（背面）

接縫處縫上繡線。（黃色・2股）

→

背面塗上白膠，使飾片乾燥後變硬。

→

以白膠黏貼頭盔前方飾片＆前裝飾。

8. 縫上繩子。

頭盔底部

2.5

縫牢固定。

繩子20cm

9. 製作台座A。

摺起。

側面

捲針縫

②填入棉花。

上蓋

夾入厚紙。

側面

①夾入厚紙並進行捲針縫。

→

上蓋

捲針縫。

約3

約3.5

完成

約6

台座A

打結。

打結。

4

將繩頭散開，熨燙伸長。

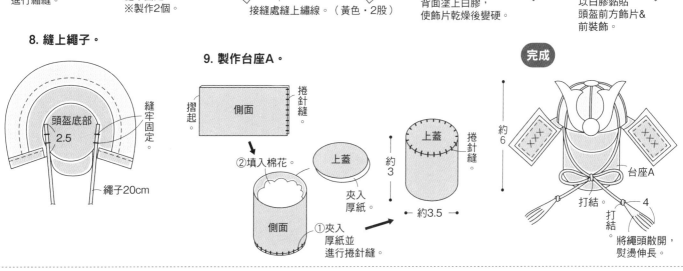

製圖

包裝紙

1

2.5

厚紙

1

台C（厚紙包裝紙）各1片

1

包裝紙

2.5

1

2.5

17

《台座C》

厚紙

以透明膠帶黏貼。

完成

以白膠黏貼包裝紙。

摺入。

2.5

17

8

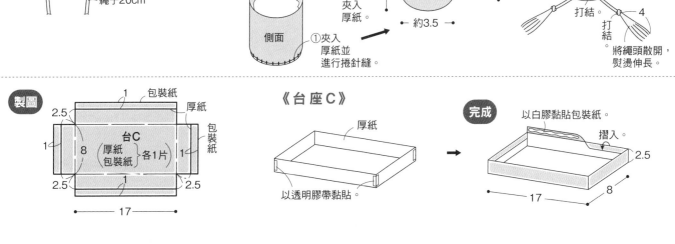

原寸紙型…P.70

＊材料
・不織布
（黑色・深綠色）…各20cm×10cm
（黃色）…15cm×12cm
（白色）…17cm×13cm
（紅色）…12cm×12cm
（黃綠色・紫色）…各12cm×11cm
（水藍色）…15cm×5cm
・瓦楞紙…20cm×4cm
・蕾絲（寬1.2cm・金色）…25cm
・粗0.3cm的雙色線（白色×紅色）…50cm
・亮片（0.6cm・金色）…30個
・小圓串珠（金色）…30個
・手工藝用棉花…適量
・25號繡線…黑色・黃色・紅色・黃綠色・紫色・白色
　　　　　　水藍色・咖啡色
・手工藝用白膠

《鯉魚旗》

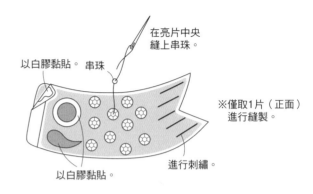

在亮片中央
縫上串珠。
以白膠黏貼。　串珠
※僅取1片（正面）
進行縫製。
以白膠黏貼。
進行刺繡。

①重疊兩片不織布，
進行捲針縫。
②填入棉花後
縫合開口。

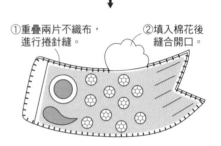

※製作3個。

《菖蒲》

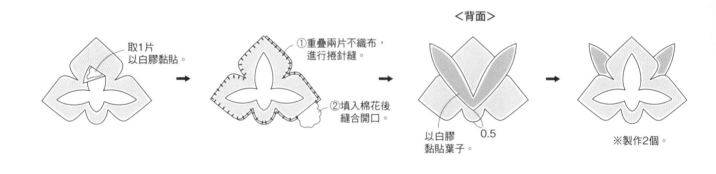

取1片
以白膠黏貼。
①重疊兩片不織布，
進行捲針縫。
②填入棉花後
縫合開口。
＜背面＞
以白膠
黏貼葉子。
0.5
※製作2個。

《柏餅》

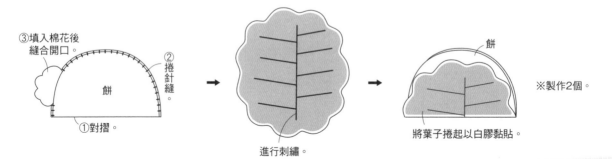

③填入棉花後
縫合開口。
②捲針縫。
餅
①對摺。
進行刺繡。
餅
將葉子捲起以白膠黏貼。
※製作2個。

《風車》

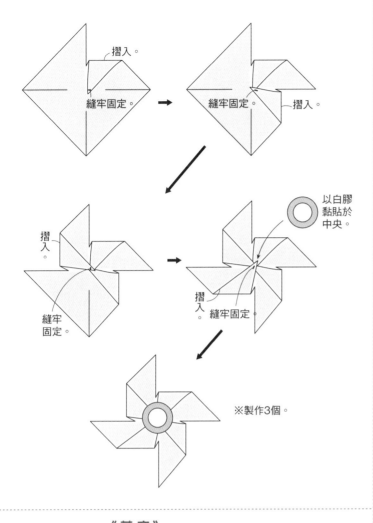

摺入。
縫牢固定。
縫牢固定。
摺入。

摺入。
縫牢固定。
摺入。
縫牢固定。

以白膠黏貼於中央。

※製作3個。

《基底》

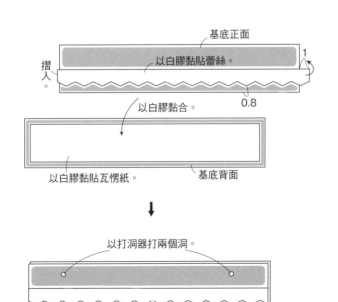

基底正面
以白膠黏貼蕾絲。
摺入。
1
0.8

以白膠黏合。

以白膠黏貼瓦愣紙。
基底背面

以打洞器打兩個洞。

《端午節吊飾・最後組裝》

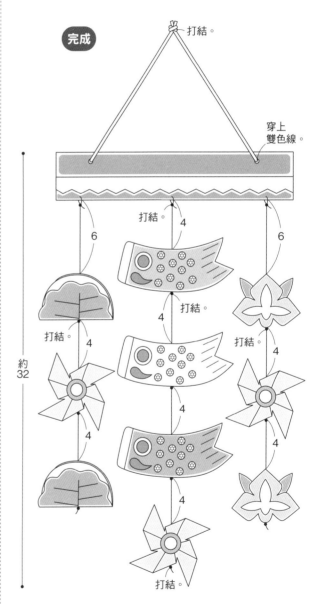

完成

打結。
穿上雙色線。
打結。
4
6
6
打結。
4
4
打結。
4
約32
4
打結。
4
4
打結。

取6股紅色繡線穿針，
由下往上串連各物件，
並在各部件的下方打結固定。

原寸紙型…P.68至P.69

＊基底材料
・不織布
（深藍色）…各20cm×20cm・2片
（黃綠色）…20cm×16cm
（黃色・深粉紅色・橘色・
　水藍色・紫色・祖母綠）…各3cm×2cm
・塑膠板（厚0.1cm）…23cm×13cm
・鐵絲A（粗0.2cm）…35cm
・鐵絲B（♯26・纏繞綠色紙膠帶）
　…9cm・18支／35cm・1支
・星形亮片
（1.5cm・金色・銀色）…各4個
（1.2cm・金色）…4個
（0.7cm・金色、銀色、藍色）…各5個
・串珠（直徑0.3cm・金色）…13個
　　　（直徑0.3cm・銀色）…14個
・25號繡線…深藍色・黃綠色・銀色
・手工藝用白膠

＊織女・牛郎材料
・不織布
（膚色）…15cm×12cm
（黑色）…16cm×14cm
（水藍色）…15cm×10cm
（粉紅色）…14cm×6cm
（深粉紅色・藍色）…各12cm×3cm
・塑膠板（厚0.1cm）…8cm×4cm
・串珠（直徑0.4cm・黑色）…4個
　　　（直徑0.3cm・金色・銀色）…各2個
・手工藝用棉花…適量
・25號繡線…膚色・黑色・水藍色・粉紅色
　　　　　　紅色・深粉紅色・藍色
・手工藝用白膠
・色鉛筆（粉紅色）

《織女・牛郎》

1. 製作頭部。

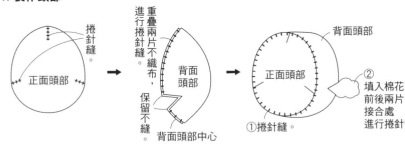

2. 製作衣服。

3. 縫合頭部及衣服。

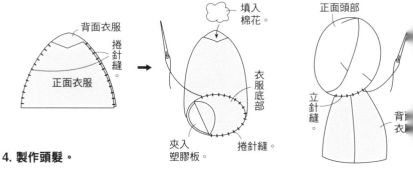

4. 製作頭髮。

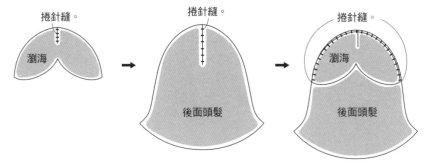

5. 加上頭髮，製作臉部。

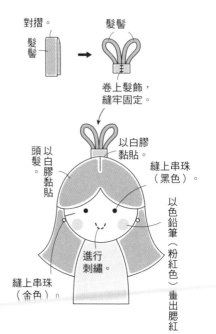

6. 加上衣領。

繞上衣領，以白膠黏貼。

7. 加上腰帶。

繞上腰帶，以白膠黏貼

8. 製作蝴蝶結，並貼上。

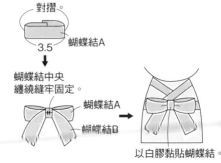

以白膠黏貼蝴蝶結。

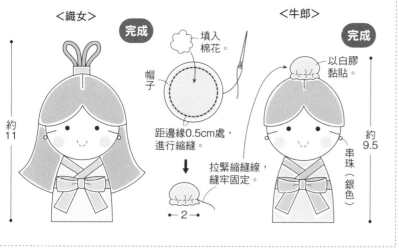

<織女> 完成

約11

帽子

填入棉花。

距邊緣0.5cm處，進行縮縫。

↓

拉緊縮縫線，縫牢固定。

←2→

<牛郎> 完成

約9.5

以白膠黏貼。

串珠（銀色）

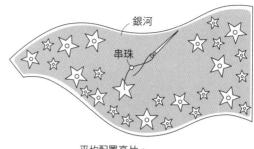

《基底》

1. 製作銀河。

銀河

串珠

平均配置亮片，中間縫上串珠固定。

↓

重疊兩片不織布，進行捲針縫。

保留不縫。

夾入塑膠板。

銀河

2. 製作竹枝基底。

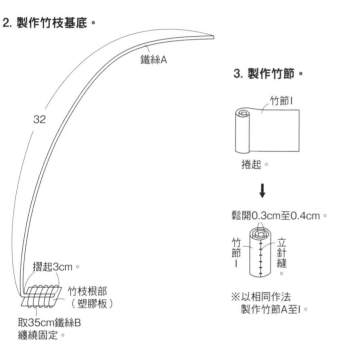

鐵絲A

32

摺起3cm。

竹枝根部（塑膠板）

取35cm鐵絲B纏繞固定。

3. 製作竹節。

竹節I

捲起。

↓

鬆開0.3cm至0.4cm。

竹節I 立針縫。

※以相同作法製作竹節A至I。

7. 串連各物件。

完成

4. 將竹節穿入鐵絲A。

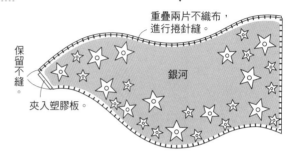

竹節A
竹節B
竹節C
竹節D
竹節E
竹節F
竹節G
竹節H
竹節I

將竹節A至I穿入鐵絲A。

縫牢固定。

竹節I

5. 製作竹枝。

約27

9cm・1支

以三支鐵絲B為一束，旋轉纏繞。
※製作6束。

6. 製作短籤。

打結。

繡線（銀色・1股）
※製作18個。

2.5

短籤

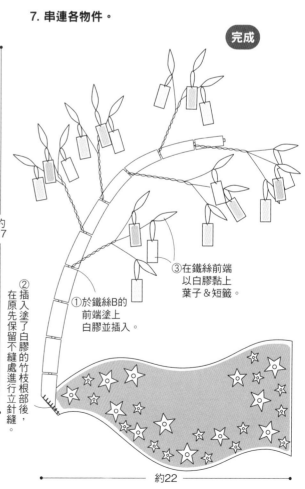

②插入塗了白膠的竹枝根部後，在原先保留不縫處進行立針縫。

①於鐵絲B的前端塗上白膠並插入。

③在鐵絲前端以白膠黏上葉子＆短籤。

約22

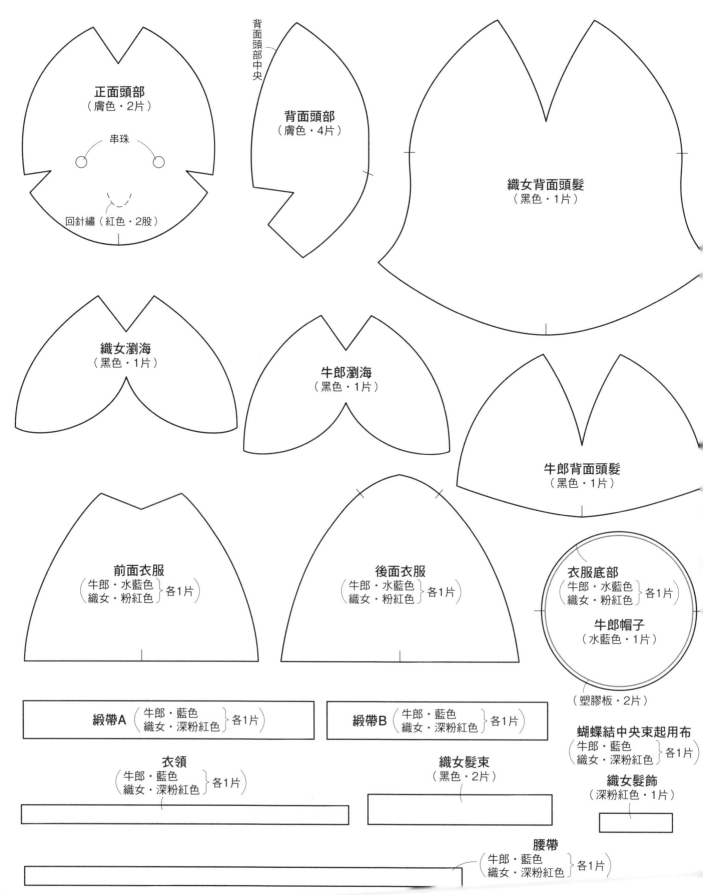

正面頭部
（膚色・2片）

串珠

回針繡（紅色・2股）

背面頭部中央

背面頭部
（膚色・4片）

織女背面頭髮
（黑色・1片）

織女瀏海
（黑色・1片）

牛郎瀏海
（黑色・1片）

牛郎背面頭髮
（黑色・1片）

前面衣服
（牛郎・水藍色
　織女・粉紅色）各1片

後面衣服
（牛郎・水藍色
　織女・粉紅色）各1片

衣服底部
（牛郎・水藍色
　織女・粉紅色）各1片

牛郎帽子
（水藍色・1片）

（塑膠板・2片）

緞帶A（牛郎・藍色
　　　織女・深粉紅色）各1片

緞帶B（牛郎・藍色
　　　織女・深粉紅色）各1片

蝴蝶結中央束起用布
（牛郎・藍色
　織女・深粉紅色）各1片

衣領
（牛郎・藍色
　織女・深粉紅色）各1片

織女髮束
（黑色・2片）

織女髮飾
（深粉紅色・1片）

腰帶
（牛郎・藍色
　織女・深粉紅色）各1片

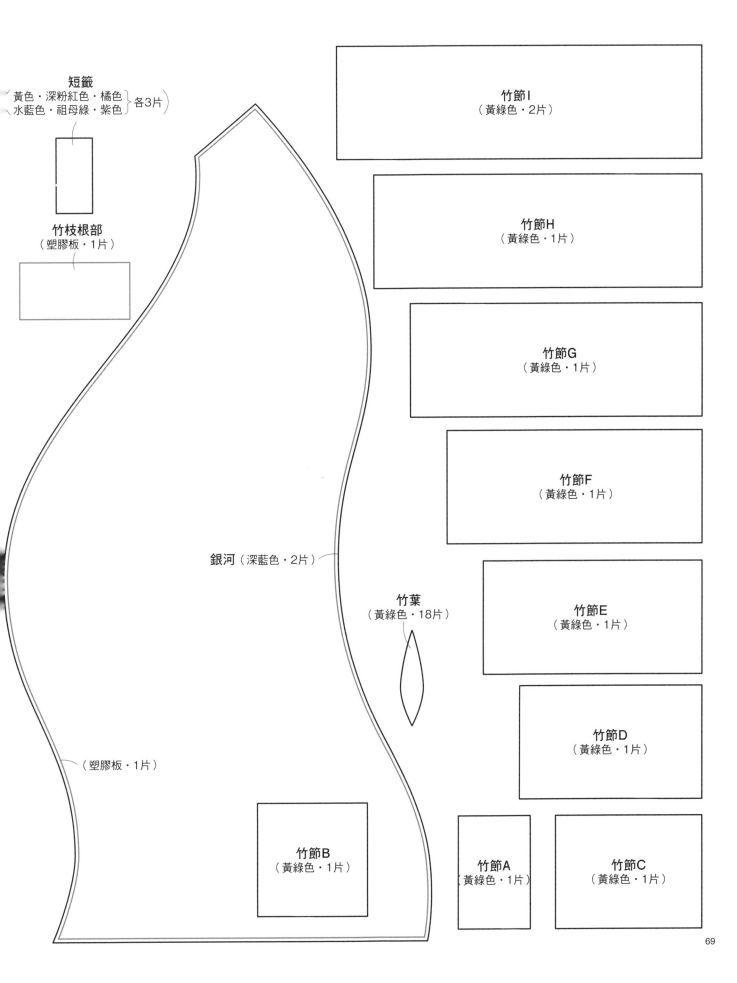

短籤
（黃色・深粉紅色・橘色
水藍色・祖母綠・紫色）各3片

竹枝根部
（塑膠板・1片）

竹節I
（黃綠色・2片）

竹節H
（黃綠色・1片）

竹節G
（黃綠色・1片）

竹節F
（黃綠色・1片）

銀河（深藍色・2片）

竹葉
（黃綠色・18片）

竹節E
（黃綠色・1片）

（塑膠板・1片）

竹節D
（黃綠色・1片）

竹節B
（黃綠色・1片）

竹節A
（黃綠色・1片）

竹節C
（黃綠色・1片）

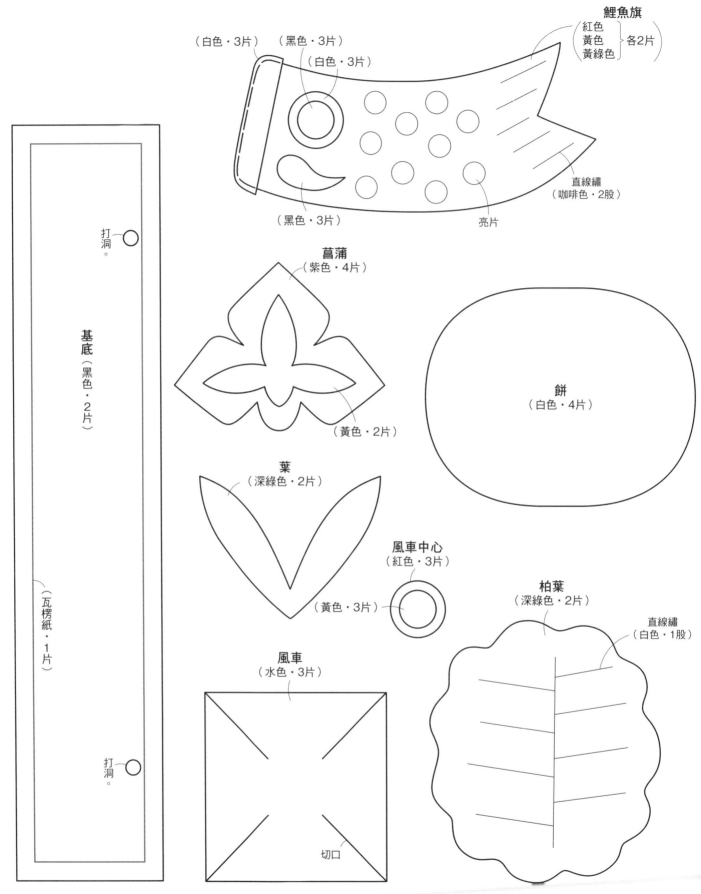

（白色・3片）　（黑色・3片）

（白色・3片）

鯉魚旗
紅色
黃色　各2片
黃綠色

（黑色・3片）

直線繡
（咖啡色・2股）

亮片

菖蒲
（紫色・4片）

餅
（白色・4片）

（黃色・2片）

葉
（深綠色・2片）

打洞。

基底（黑色・2片）

風車中心
（紅色・3片）

柏葉
（深綠色・2片）

直線繡
（白色・1股）

（瓦楞紙・1片）

（黃色・3片）

風車
（水色・3片）

打洞。

切口

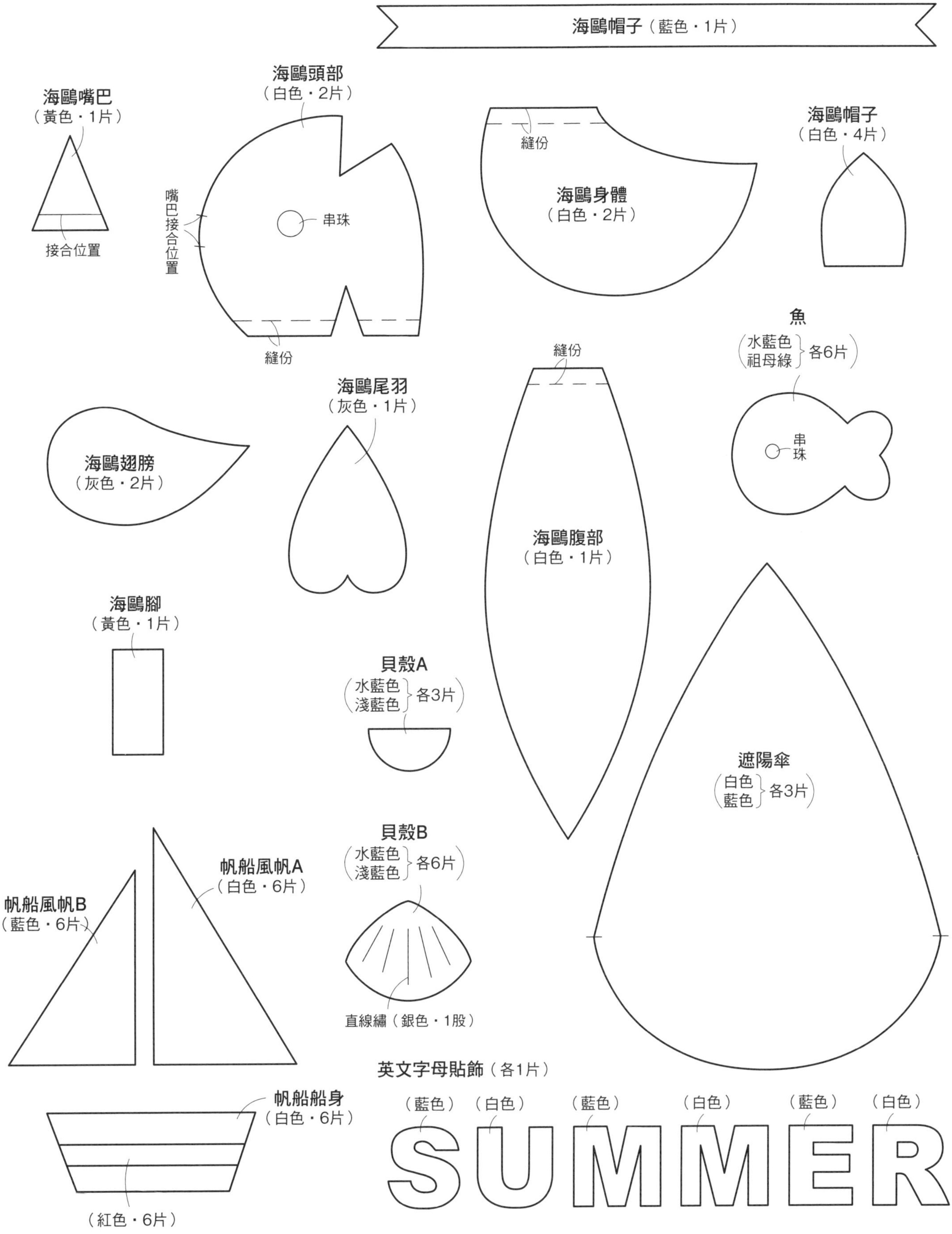

海鷗帽子（藍色·1片）

海鷗嘴巴
（黃色·1片）

海鷗頭部
（白色·2片）

縫份

海鷗身體
（白色·2片）

海鷗帽子
（白色·4片）

串珠

嘴巴接合位置

接合位置

縫份

魚
（水藍色
祖母綠）各6片

串珠

縫份

海鷗尾羽
（灰色·1片）

海鷗翅膀
（灰色·2片）

海鷗腹部
（白色·1片）

海鷗腳
（黃色·1片）

貝殼A
（水藍色
淺藍色）各3片

遮陽傘
（白色
藍色）各3片

貝殼B
（水藍色
淺藍色）各6片

帆船風帆A
（白色·6片）

帆船風帆B
（藍色·6片）

直線繡（銀色·1股）

英文字母貼飾（各1片）

（藍色）（白色）（藍色）（白色）（藍色）（白色）

帆船船身
（白色·6片）

（紅色·6片）

SUMMER

原寸紙型…P.71

《海鷗水手》

1. 製作頭部。

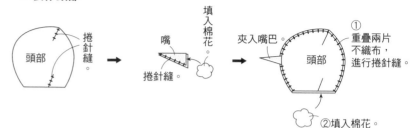

2. 縫上眼睛。

將雙眼同時縫上。

串珠（黑色）

3. 製作身體。

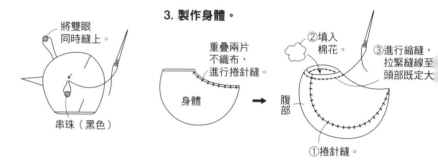

4. 縫合頭部及身體。

內摺縫份，進行立針縫。

5. 製作帽子。

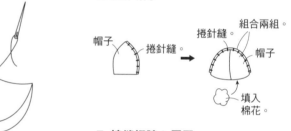

6. 接縫帽子。

戴上帽子，進行立針縫。

捲上緞帶，以白膠黏貼。

7. 接縫翅膀＆尾巴。

以白膠黏貼翅膀＆尾巴。

＊材料

・不織布
（白色）…20cm×20cm・2片
（藍色）…20cm×20cm
（水藍色）…15cm×8cm
（祖母綠）…12cm×6cm
（灰色）…12cm×4cm
（淺藍色）…10cm×5cm
（紅色）…5cm×4cm
（黃色）…4cm×3cm
・鐵絲（粗0.4cm・白色）…54cm
・粗0.1cm的繩子A（銀色）…160cm
・粗0.3cm的繩子B（銀色）…10cm
・壓克力串珠（直徑0.8cm・水藍色）…23個
　　　　　　（直徑0.8cm・藍色）…22個
・串珠（直徑0.5cm・黑色）…2個
　　　（直徑0.3cm・銀色）…12個
・手工藝用棉花…適量
・25號繡線…白色・藍色・黃色・水藍色
　　　　　　祖母綠・淺藍色・銀色
・手工藝用白膠

《遮陽傘》

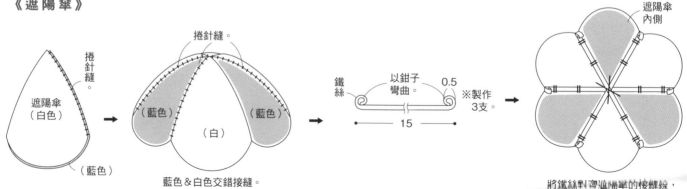

捲針縫。

遮陽傘（白色）

（藍色）

（藍色）　（白）　（藍色）

藍色＆白色交錯接縫。

鐵絲　以鉗子彎曲。　0.5

15　※製作3支。

遮陽傘內側

將鐵絲對準遮陽傘的接縫線，縫牢固定。

《吊飾》

※將各部件由下往上串起。

※製作3串。

遮陽傘內側的
鐵絲

2

1串 2串
B A
A B
B A

穿過鐵絲,
打結固定。

打結。

2.5

將貝殼固定於在
打結處。

A
B
A

穿上串珠。

打結。

貝殼B

進行刺繡。

↓

夾入貝殼A

貝殼B

重疊兩片
不織布,
進行捲針縫。

B
A
B

打結。

3.5

※製作3串。

遮陽傘內側的
鐵絲

2

穿過鐵絲,
打結固定。

穿上串珠。

A
B
A

打結。 1

約18

5

B
A
B

打結。 1

魚(背面) 繩子A

小心別在表面
留下痕跡,
縫牢固定。

↓

夾入
繩子A

縫上串珠(銀色)

重疊兩片
不織布,
進行捲針縫。

魚(背面) 繩子A 縫上串珠(銀色)。

→

小心別在表面
留下痕跡,
縫牢固定。

重疊兩片
不織布,
進行捲針縫。

約29

※A·壓克力串珠(水藍色)
B·壓克力串珠(藍色)

重疊兩片不織布,
進行捲針縫。

帆船風帆B   帆船風帆A

繩子A

帆船(背面)

小心別在表面留下痕跡,
縫牢固定。

繩子A

打結。

縫牢固定。

→

重疊兩片不織布,
進行捲針縫。

以白膠黏貼。

→

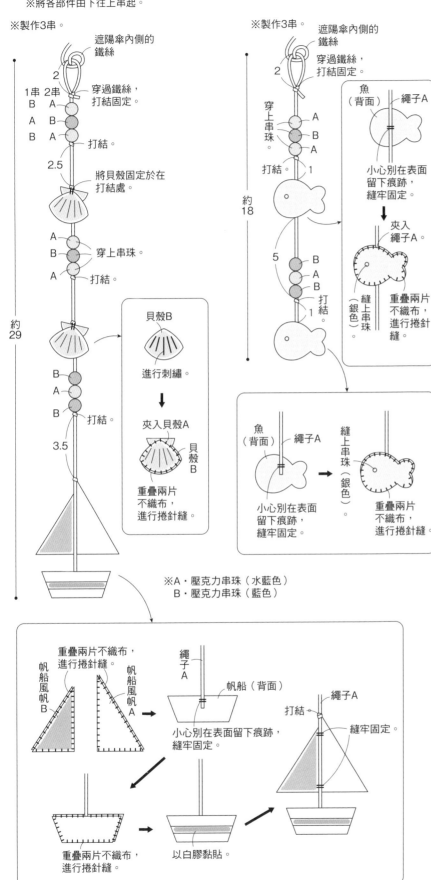

完成

海鷗腹部

繞過繩子

縫牢固定。

2.5

繩子A
打結。

遮陽傘中心

→

以腳的
不織布
捲起繩子A,
縫牢固定。

繩子B

3.5 2
打結。
縫牢固定。

以白膠黏貼
英文字母。

約50

R   S

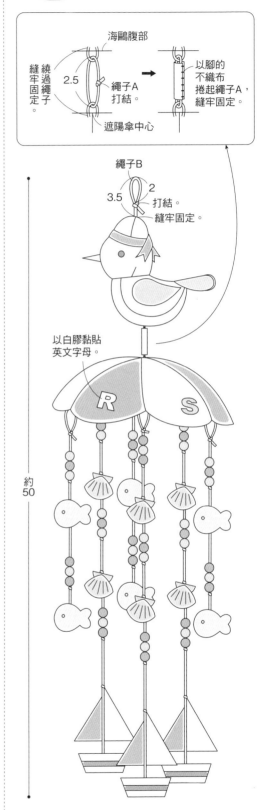

73

原寸紙型…P.76

*材料

・不織布
（黃色）…20cm×20cm・2片
（白色）…20cm×17cm
（米色）…12cm×11cm
（淺咖啡色）…12cm×6cm
（淺橘色）…14cm×5cm
（深綠色）…5cm×5cm
（粉紅色）…4cm×3cm
（粉米色）…3cm×4cm
・厚紙…15cm×15cm
・插入式眼珠（0.5cm・黑色）…2個
・鐵絲（♯24）…16cm
・粗0.3cm的麻繩…35cm
・壓克力串珠（直徑1cm・紫色）…1個
　　　　　　（直徑1cm・透明）…9個
　　　　　　（直徑1.2cm・紫色）…3個
・木珠（直徑0.3cm・木頭色）…6個
・毛球（直徑1.5cm・白色）…6個
・手工藝用棉花…適量
・25號繡線…淺紫色・白色・深粉紅色・黑色・淺黃色
・手工藝用白膠

《白雲》

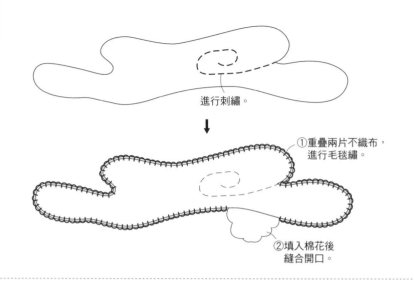

進行刺繡。

①重疊兩片不織布，
進行毛毯繡。

②填入棉花後
縫合開口。

《兔子》

1. 製作耳朵。

耳朵

以白膠黏貼

※製作2片。

2. 製作臉部。

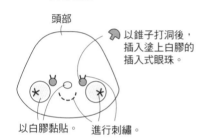

頭部

以錐子打洞後，
插入塗上白膠的
插入式眼珠。

以白膠黏貼。　　進行刺繡。

3. 製作頭部。

夾入
耳朵。

①重疊兩片不織布，
進行毛毯繡。

②填入棉花後
縫合開口。

4. 製作身體。

①重疊兩片不織布，
進行毛毯繡。

②填入棉花後
縫合開口。

身體

5. 縫合頭部＆身體。

立針縫。

7. 將臼・手・腳・尾巴與身體黏合。

6. 製作臼。

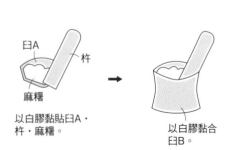

臼A

杵

麻糬

以白膠黏貼臼A・
杵・麻糬。

以白膠黏合
臼B。

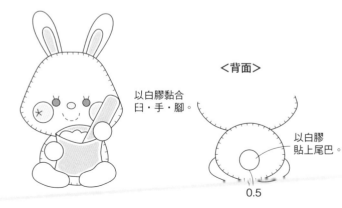

＜背面＞

以白膠黏合
臼・手・腳。

以白膠
貼上尾巴。

0.5

74

《花瓶》

1. 製作芒草。　　　　**2. 製作花瓶。**

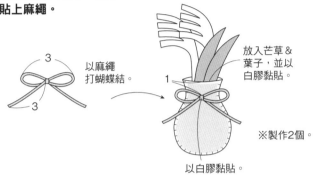

塗上白膠。

黏合兩片。

3
貼上4cm的鐵絲。
1

②填入棉花。

①重疊兩片不織布，進行毛毯繡。

3. 在花瓶裡放入芒草＆葉子，並貼上麻繩。

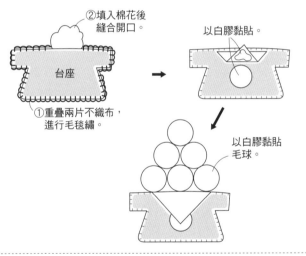

3
以麻繩打蝴蝶結。
3

放入芒草＆葉子，並以白膠黏貼。

1

以白膠黏貼。

※製作2個。

《丸子》

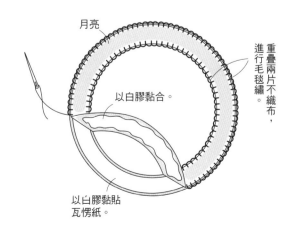

②填入棉花後縫合開口。

台座

①重疊兩片不織布，進行毛毯繡。

以白膠黏貼。

以白膠黏貼毛球。

《月亮》

月亮

以白膠黏合。

重疊兩片不織布，進行毛毯繡。

以白膠黏貼瓦愣紙。

《秋天の吊飾・最後組裝》

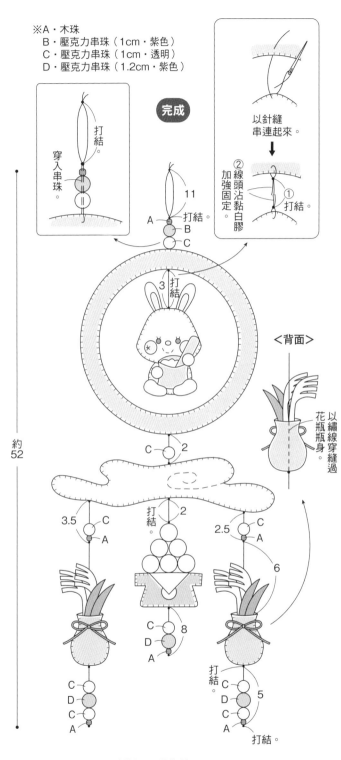

※A・木珠
　B・壓克力串珠（1cm・紫色）
　C・壓克力串珠（1cm・透明）
　D・壓克力串珠（1.2cm・紫色）

打結。
穿入串珠。

以針縫串連起來。

②線頭沾黏白膠加強固定。
①打結。

完成

11
A　打結。
B
C

約52

3 打結

C 2

3.5 C
A

打結 2

2.5 C
A

6

C
D
C
A

C 8
D
A

C
D 5
C
A

打結。

打結。

＜背面＞

以繡線穿縫過花瓶瓶身。

針穿繡線（淺紫色・3股）後，串連起各物件。

※除了另有指定之外，皆取2股25號繡線進行刺繡。
※毛毯繡取3股25號繡線進行縫製。

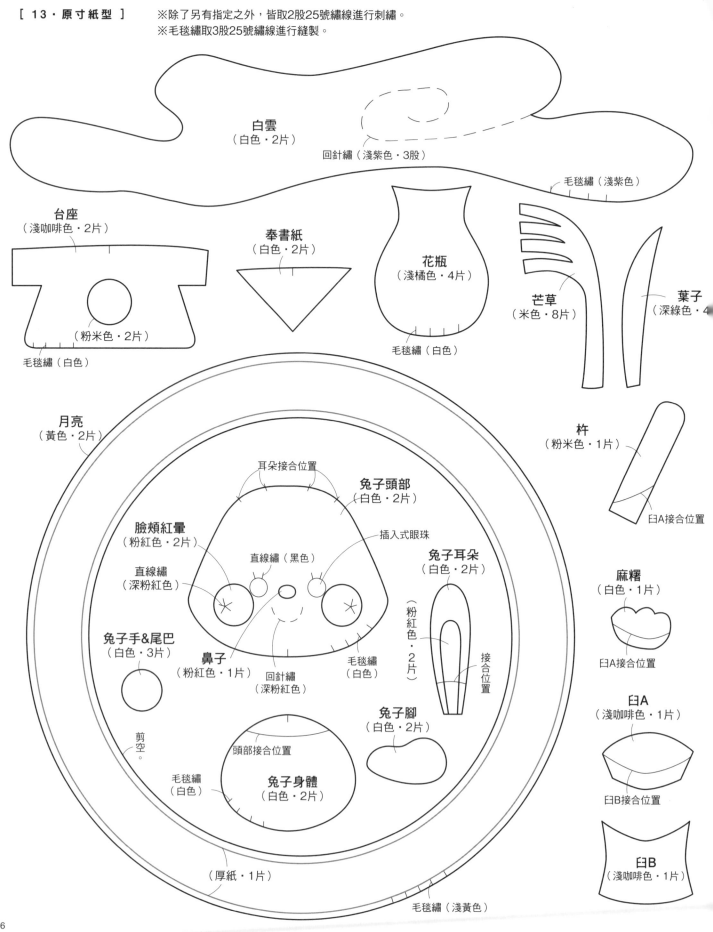

白雲
（白色·2片）

回針繡（淺紫色·3股）

毛毯繡（淺紫色）

台座
（淺咖啡色·2片）

（粉米色·2片）

毛毯繡（白色）

奉書紙
（白色·2片）

花瓶
（淺橘色·4片）

毛毯繡（白色）

芒草
（米色·8片）

葉子
（深綠色·4片）

杵
（粉米色·1片）

臼A接合位置

月亮
（黃色·2片）

耳朵接合位置

兔子頭部
（白色·2片）

臉頰紅暈
（粉紅色·2片）

直線繡（黑色）

插入式眼珠

兔子耳朵
（白色·2片）

直線繡
（深粉紅色）

（粉紅色·2片）

接合位置

兔子手&尾巴
（白色·3片）

鼻子
（粉紅色·1片）

回針繡
（深粉紅色）

毛毯繡
（白色）

麻糬
（白色·1片）

臼A接合位置

臼A
（淺咖啡色·1片）

臼B接合位置

兔子腳
（白色·2片）

剪空。

頭部接合位置

毛毯繡
（白色）

兔子身體
（白色·2片）

（厚紙·1片）

毛毯繡（淺黃色）

臼B
（淺咖啡色·1片）

南瓜麵包

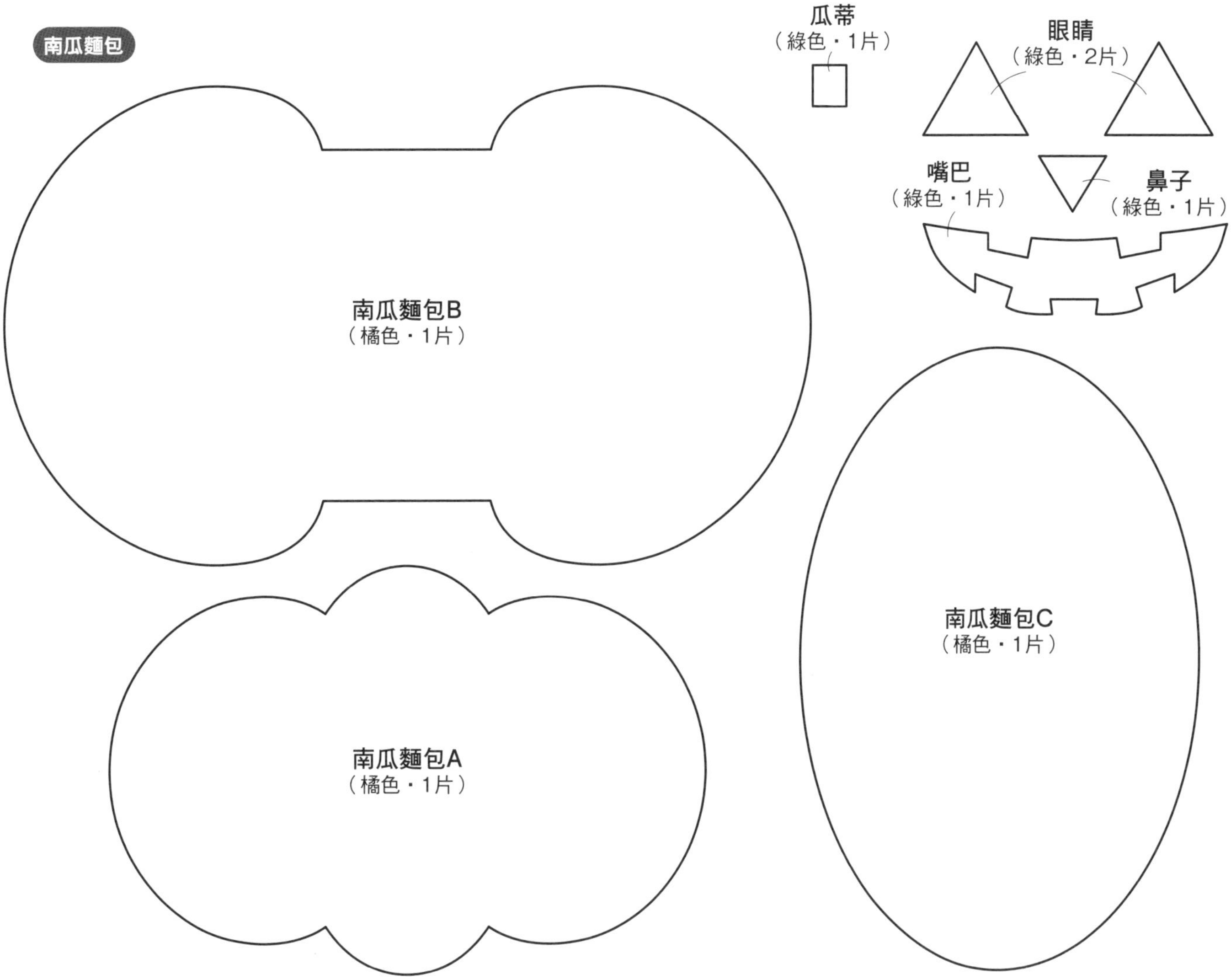

瓜蒂
（綠色・1片）

眼睛
（綠色・2片）

嘴巴
（綠色・1片）

鼻子
（綠色・1片）

南瓜麵包B
（橘色・1片）

南瓜麵包C
（橘色・1片）

南瓜麵包A
（橘色・1片）

蒙布朗

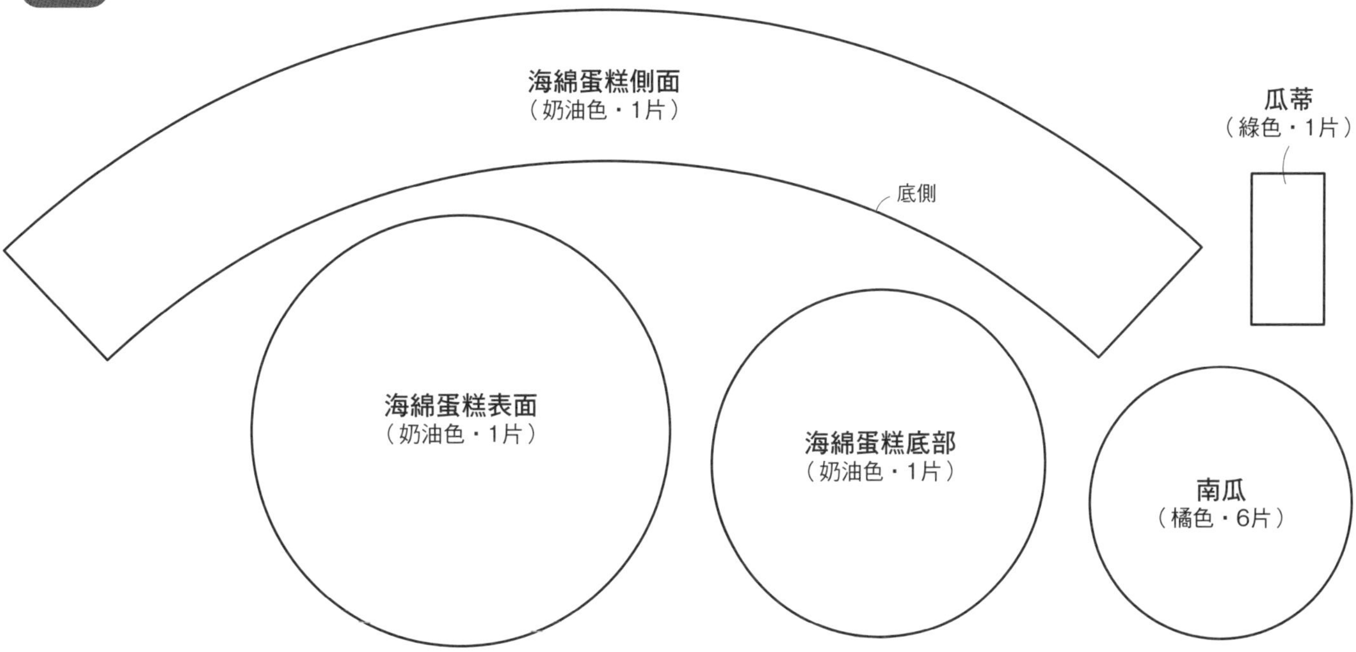

海綿蛋糕側面
（奶油色・1片）

底側

瓜蒂
（綠色・1片）

海綿蛋糕表面
（奶油色・1片）

海綿蛋糕底部
（奶油色・1片）

南瓜
（橘色・6片）

糖果

糖果
(橘色
黃色
淺紫色) 各2片

上弦月餅乾

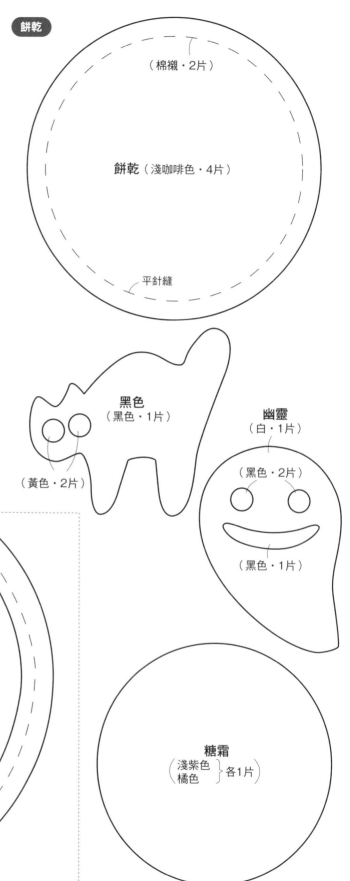

餅乾

（棉襯・2片）

餅乾（淺咖啡色・4片）

平針縫

黑色
（黑色・1片）

幽靈
（白・1片）

（黃色・2片）

（黑色・2片）

（黑色・1片）

上弦月餅乾
（淺咖啡色・2片）

糖霜
（黃色・1片）

家
（黑色・1片）

直線繡
（ 黑色 ）
2股

糖霜
（ 淺紫色
橘色 ） 各1片

（棉襯・1片）

平針縫

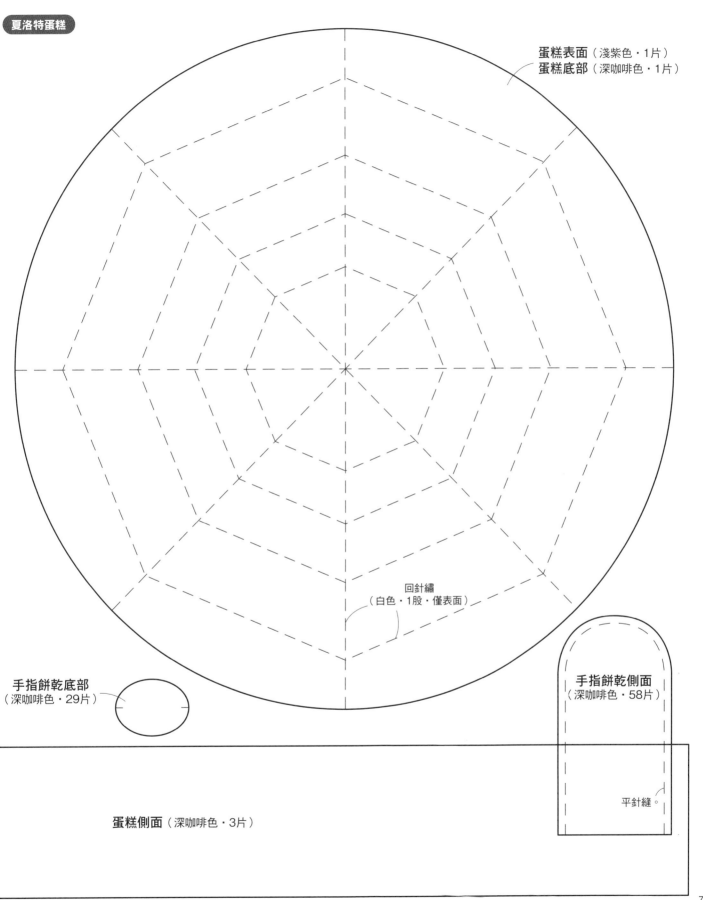

蛋糕表面（淺紫色・1片）
蛋糕底部（深咖啡色・1片）

回針繡
（白色・1股・僅表面）

手指餅乾底部
（深咖啡色・29片）

手指餅乾側面
（深咖啡色・58片）

平針縫。

蛋糕側面（深咖啡色・3片）

原寸紙型…P.77至P.79

＊材料
・不織布
（深咖啡色）…20cm×20cm・5片
（淺紫色・橘色）…各20cm×20cm・2片
（黃色・淺咖啡色）…各20cm×20cm
（奶油色）…18cm×10cm
（黑色）…10cm×6cm
（綠色）…7cm×5cm
（白色）…5cm×6cm
（土黃色）…20cm×12cm
・棉襯…15cm×20cm
・海綿（厚4cm）…直徑18cm
・毛線（作為栗子鮮奶油的內襯）…120cm
・手工藝用棉花…適量
・25號繡線…深咖啡色・淺紫色・橘色・黃色
　　　　　　淺咖啡色・奶油色・黑色・綠色
　　　　　　白色・土黃色
・手工藝用白膠

《**南瓜麵包**》
1. 製作南瓜麵包B。

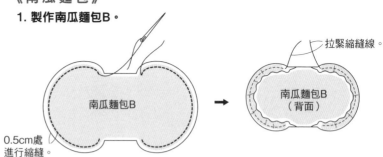

拉緊縮縫線。

南瓜麵包B

南瓜麵包B（背面）

0.5cm處進行縮縫。

2. 在南瓜麵包A上加上南瓜麵包B。

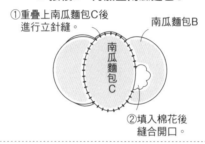

重疊。

南瓜麵包B　　南瓜麵包A

捲針縫　　捲針縫

兩端填入棉花。

3. 製作南瓜麵包C。

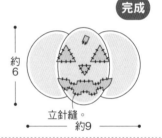

南瓜麵包C

拉緊縮縫線。

0.5cm處進行縮縫。

4. 接續2，再加上南瓜麵包C。

①重疊上南瓜麵包C後進行立針縫。

南瓜麵包C

南瓜麵包B

②填入棉花後縫合開口。

5. 加上表情。

完成

約6

約9

立針縫。

《**上弦月餅乾**》

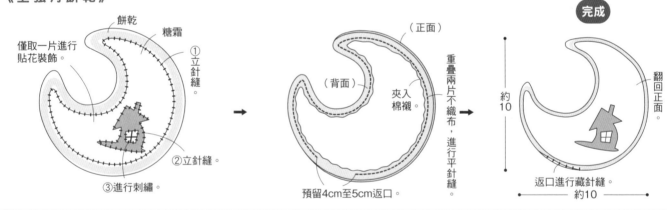

餅乾

糖霜

僅取一片進行貼花裝飾。

①立針縫。

②立針縫。

③進行刺繡。

（正面）

（背面）

重疊兩片不織布，進行平針縫。

夾入棉襯

預留4cm至5cm返口。

完成

約10

約10

翻回正面。

返口進行藏針縫。

《**餅乾**》

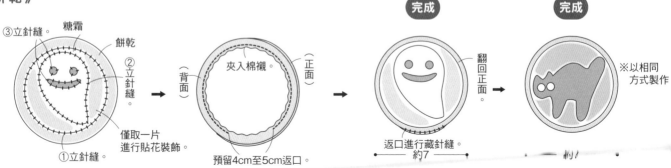

③立針縫。

糖霜

餅乾

②立針縫。

僅取一片進行貼花裝飾。

①立針縫。

夾入棉襯

（背面）（正面）

預留4cm至5cm返口。

完成

翻回正面。

返口進行藏針縫。

約7

完成

※以相同方式製作

《糖果》

①拉緊平針縫線。

平針縫。

糖果

2.5　2.5

➡

③縫合固定。

②填入棉花。

※製作6個。

➡

完成

約3.5

約7.5

《蒙布朗》

1. 製作海綿蛋糕。

側面

捲針縫

➡

底部

捲針縫

側面

➡

表面

填入棉花。

捲針縫。

側面

2. 製作鮮奶油。

製圖

鮮奶油
（土黃色・6片）

2

20

➡

0.5

毛線

摺起。

放入毛線，並進行平針縫。

※製作6條。

➡

③填入棉花。

②縫牢固定。

①拉緊縮縫線，在海綿蛋糕上一圈圈往上疊（共疊6層）。

海綿蛋糕　鮮奶油

3. 製作＆縫上南瓜。

填入棉花。

南瓜

距邊0.3cm處進行縮縫。

➡

稍微整型至縱長狀。

約2

拉緊縮縫線。
※製作6個。

瓜蒂

塗上白膠捲起來。

➡

＜俯瞰圖＞

②將瓜蒂插入中央，縫牢固定。

①將6瓣南瓜縫合固定。

➡

縫上南瓜。

完成

約8.5

約5.5

《夏洛特蛋糕》

1. 製作手指餅乾。

（背面）

重疊兩片不織布，進行平針縫。（正面）

填入棉花。

➡

翻回正面。

➡

捲針縫。

底部

※製作29個。

以針線穿串手指餅乾。

穿串29個手指餅乾。

2. 製作蛋糕。

底部

②立針縫。

②捲針縫。

①以立針縫接縫三片側面。

側面

➡

①進行刺繡。

表面

放入海綿。

側面

3. 於蛋糕側面縫上手指餅乾。

完成

側面縫上手指餅乾。

約21

原寸紙型…P.82

《南瓜》

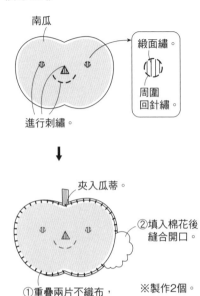

＊材料
・不織布
（黑色）…20cm×10cm
（橘色）…13cm×10cm
（土黃色）…16cm×6cm
（膚色）…6cm×5cm
（咖啡色）…2cm×2cm
・小圓串珠（紫色）…136個
・釣魚線（2號）
・手工藝用棉花…適量
・25號繡線…黑色・橘色・土黃色・咖啡色
　　　　　　粉紅色・膚色

[15・原寸紙型]　※除了另有指定之外，皆取1股25號繡線進行刺繡。

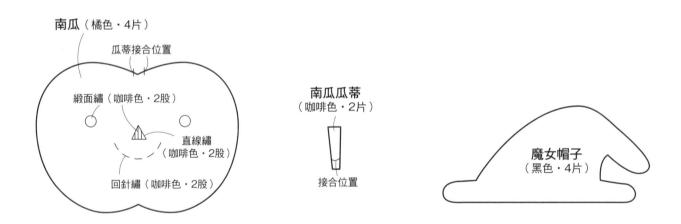

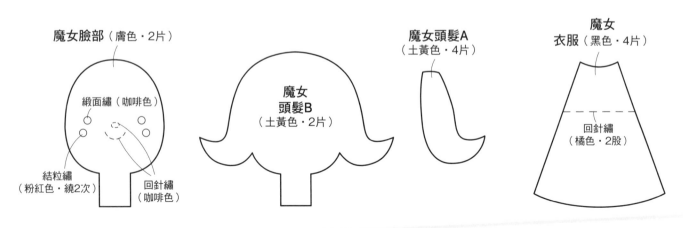

《魔女》

1. 製作頭部。

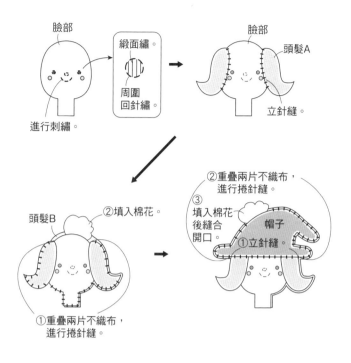

臉部

緞面繡。

周圍回針繡。

進行刺繡。

臉部

頭髮A

立針縫。

頭髮B

②填入棉花。

①重疊兩片不織布，進行捲針縫。

②重疊兩片不織布，進行捲針縫。

③填入棉花後縫合開口。

帽子

①立針縫

2. 製作衣服。

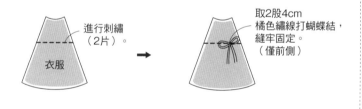

進行刺繡（2片）。

衣服

取2股4cm橘色繡線打蝴蝶結，縫牢固定。（僅前側）

3. 縫合頭部＆衣服。

①立針縫。

②重疊兩片不織布，進行捲針縫。

③填入棉花後縫合開口。

※製作2個。

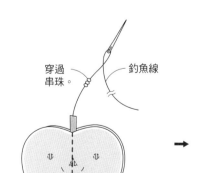

穿過串珠。

釣魚線

打結。

針穿過釣魚線，由下往上串起各物件。

《萬聖節吊飾‧最後組裝》

完成

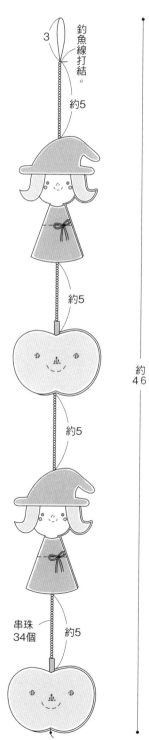

釣魚線打結。

3

約5

約5

約5

約5

約46

串珠34個

原寸紙型
聖誕老公公・小熊&襪子…P.86
雪人・馴鹿…P.87

＊雪人材料
・不織布
（白色）…14cm×10cm
（綠色）…18cm×2cm
（紅色）…12cm×3cm
（黑色）…10cm×3cm
・串珠（直徑0.3cm・黑色）…2個
・鈕釦（直徑1cm・深藍色）…1個
・手工藝用棉花…適量
・25號繡線…白色・綠色・紅色・黑色・深藍色

＊小熊及襪子的材料
・不織布
（綠色・霜降灰）…各15cm×8cm
（紅色・白色・深藍色）…各2cm×3cm
・串珠（直徑0.2cm・黑色）…2個
・緞帶（0.6cm寬・紅色）…10cm
・手工藝用棉花…適量
・25號繡線…綠色・灰色・紅色・白色・黑色
・手工藝用白膠

＊聖誕老人材料
・不織布
（紅色）…20cm×10cm
（白色）…20cm×11cm
（膚色）…14cm×5cm
（黑色）…6cm×5cm
（綠色）…2cm×2cm
・香菇釦眼睛（直徑0.7cm・紅色）…1個
・串珠（直徑0.2cm・黑色）…2個
・手工藝用棉花…適量
・25號繡線…紅色・白色・膚色・黑色
・手工藝用白膠

＊馴鹿材料
・不織布
（淺咖啡色）…20cm×10cm
（綠色）…8cm×1cm
（米色）…5cm×4cm
（紅色）…2cm×2cm
・串珠（直徑0.4cm・黑色）…2個
・手工藝用棉花…適量
・25號繡線…淺咖啡色・綠色・紅色

《雪人》

1. 製作身體。

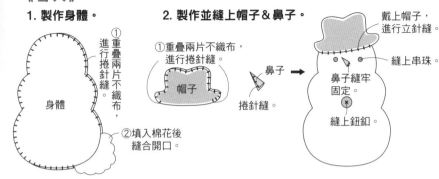

2. 製作並縫上帽子&鼻子。

3. 製作手套並打結固定。

4. 製作並縫上圍巾。

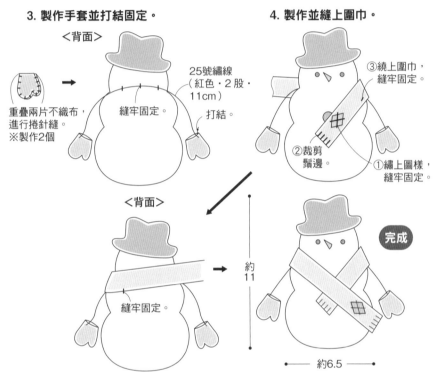

《小熊&襪子》

1. 製作小熊。

2. 製作襪子。

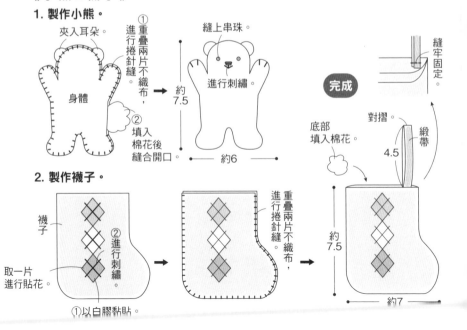

《聖誕老人》

1. 製作頭部。

①重疊兩片不織布，進行捲針縫。

頭部

②填入棉花後縫合開口。

縫上串珠

以白膠黏貼。

立針縫。

鬍子

縫上香菇釦眼睛。

2. 製作帽子並縫上固定。

帽子前面

帽子後面

①進行捲針縫。

①重疊兩片不織布，

填入棉花

稍微抓皺後縫合

將球球縫牢固定。

※球球的作法與馴鹿鼻子相同。

戴上帽子，縫牢固定。

以白膠貼上裝飾。

3. 製作身體&鞋子，並進行縫合。

①重疊兩片不織布，進行捲針縫。

身體

②填入棉花後縫合開口。

填入棉花。

鞋子

※製作2個。

重疊兩片不織布，進行捲針縫。

以白膠貼上裝飾。

1

穿上鞋子，進行立針縫。

4. 縫合頭&身體。

<背面>

立針縫。

5. 製作並縫合手&手臂。

②填入棉花後縫合開口。

重疊兩片不織布，進行捲針縫。

手臂

①重疊兩片不織布，進行捲針縫。

②填入棉花。

※製作2個。

疊上手臂，進行立針縫。

6. 製作袋子。

袋子

②重疊兩片不織布，進行捲針縫。

①以3股紅色繡線縫牢固定。（僅取1片）

②對摺並縫牢固定。

2

①填入棉花。

7. 接縫手臂&袋子。

約12

約8

將手臂內側與身體縫合固定。

<背面> **完成**

將袋子內側與身體縫合固定。

《馴鹿》

1. 製作身體。

夾入鹿角

①重疊兩片不織布，進行捲針縫。

身體

②填入棉花後縫合開口。

夾入尾巴。

2. 裝上耳朵。

摺0.3

立針縫。

耳朵

3. 製作臉部。

繡法

1出　3出　2入　4入

將串珠一次穿上，拉緊線使之下凹。

串珠

立針縫。

4. 製作鼻子並縫上。

填入棉花。

鼻子

距邊0.3cm處進行縮縫。

拉緊縮縫線。約1

立針縫。

5. 縫上項圈。

完成

立針縫。

約10.5

繞上項圈，並縫牢固定。

進行刺繡。

約9.5

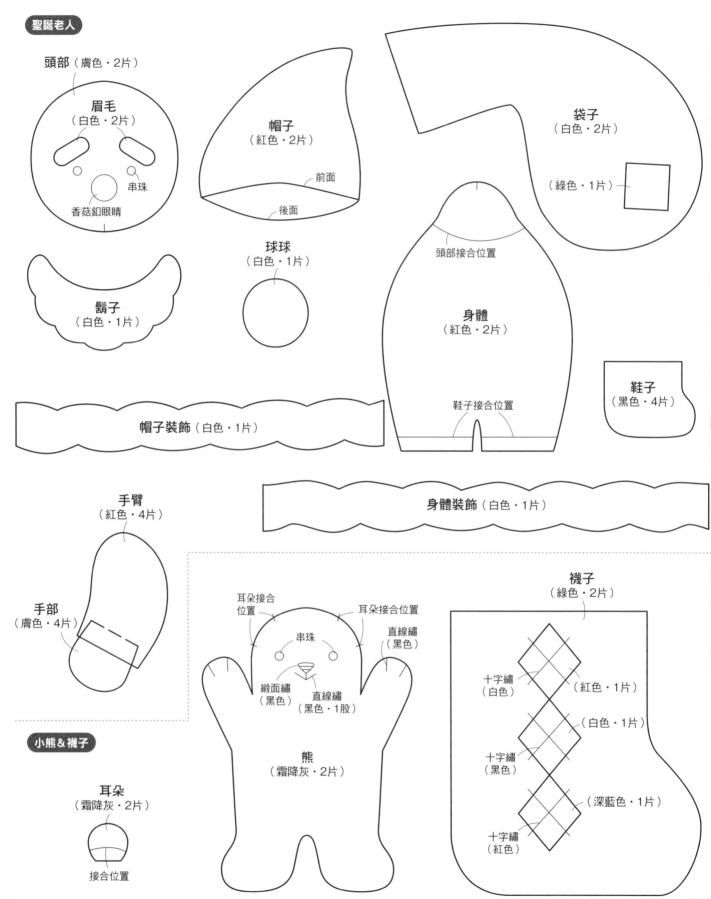

聖誕老人

頭部（膚色·2片）
眉毛（白色·2片）
串珠
香菇釦眼睛
帽子（紅色·2片）
前面
後面
袋子（白色·2片）
（綠色·1片）
鬍子（白色·1片）
球球（白色·1片）
頭部接合位置
身體（紅色·2片）
鞋子接合位置
鞋子（黑色·4片）
帽子裝飾（白色·1片）
身體裝飾（白色·1片）
手臂（紅色·4片）
手部（膚色·4片）

小熊&襪子

耳朵接合位置
耳朵接合位置
串珠
直線繡（黑色）
緞面繡（黑色）
直線繡（黑色·1股）
熊（霜降灰·2片）
襪子（綠色·2片）
十字繡（白色）
（紅色·1片）
（白色·1片）
十字繡（黑色）
（深藍色·1片）
十字繡（紅色）
耳朵（霜降灰·2片）
接合位置

雪人

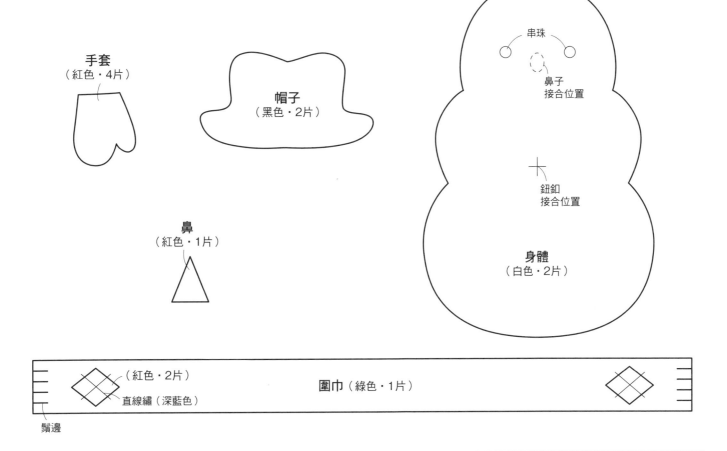

手套
（紅色・4片）

帽子
（黑色・2片）

鼻
（紅色・1片）

串珠

鼻子
接合位置

鈕釦
接合位置

身體
（白色・2片）

（紅色・2片）
直線繡（深藍色）
圍巾（綠色・1片）
鬍邊

馴鹿

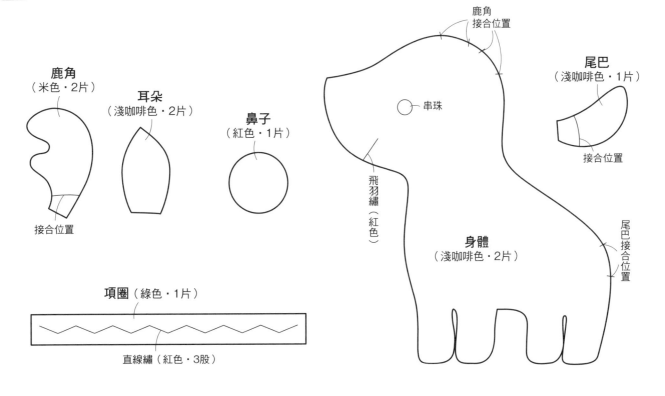

鹿角
（米色・2片）

耳朵
（淺咖啡色・2片）

鼻子
（紅色・1片）

接合位置

鹿角
接合位置

尾巴
（淺咖啡色・1片）

串珠

接合位置

飛羽繡
（紅色）

身體
（淺咖啡色・2片）

尾巴
接合位置

項圈（綠色・1片）

直線繡（紅色・3股）

原寸紙型…P.92

＊材料
・不織布
（綠色）…10cm× 9cm
（紅色）…15cm×10cm
（淺咖啡色・白色）…各10cm×8cm
（黃綠色）…12cm×7cm
・鈕釦（直徑0.6cm・粉紅色・淺紫色）…各1個
・插入式眼珠（直徑3.5mm・咖啡色）…2個
　　　　　　（直徑4mm・黑色）…2個
・毛球（直徑1.8cm・紅色）…2個
　　　　（直徑1.2cm・白色）…1個
・緞帶A（寬0.3cm・綠色）…30cm
　　　　B（寬0.6cm・金色）…25cm
　　　　C（寬0.3cm・紅色）…24cm
・蕾絲（寬1cm）…15cm
・手工藝用棉花…適量
・25號繡線…綠色・紅色・淺咖啡色・白色
　　　　　　咖啡色・粉紅色・黃綠色・金色
・手工藝用白膠

《聖誕葉》

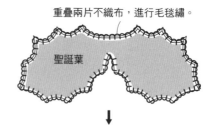

重疊兩片不織布，進行毛毯繡。

聖誕葉

縫上毛球（紅色）。

《拐杖糖》

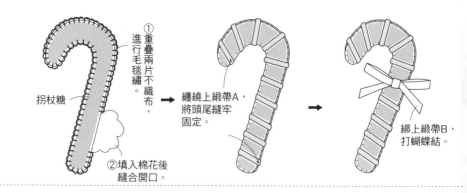

拐杖糖

①重疊兩片不織布，進行毛毯繡。

②填入棉花後縫合開口。

纏繞上緞帶A，將頭尾縫牢固定。

綁上緞帶B，打蝴蝶結。

《薑餅人》

1. 繡製嘴巴，縫上鈕釦。

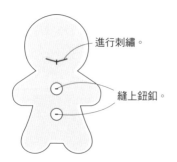

進行刺繡。

縫上鈕釦。

2. 縫合兩片不織布。

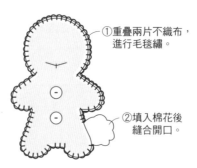

①重疊兩片不織布，進行毛毯繡。

②填入棉花後縫合開口。

3. 裝上眼睛。

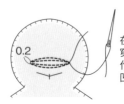

0.2

在兩眼的位置穿線後拉緊，作出眼窩的凹陷感。

以錐子打洞。

在下凹處旁

②插入塗了白膠的插入式眼珠（咖啡色）。

《聖誕樹》

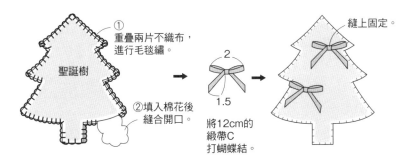

① 重疊兩片不織布，進行毛毯繡。

聖誕樹

② 填入棉花後縫合開口。

2
1.5

將12cm的緞帶C打蝴蝶結。

縫上固定。

《雪人》

1. 繡製嘴巴。

進行刺繡。

2. 縫合兩片不織布。

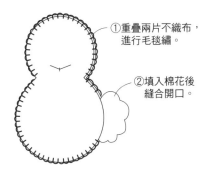

① 重疊兩片不織布，進行毛毯繡。

② 填入棉花後縫合開口。

3. 裝上眼睛。

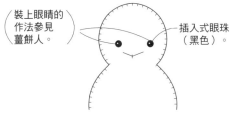

（裝上眼睛的作法參見薑餅人。）

插入式眼珠（黑色）。

4. 製作帽子。

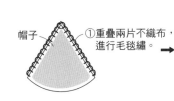

帽子

① 重疊兩片不織布，進行毛毯繡。

將毛球（白色）縫牢固定。

以白膠黏上蕾絲。

5. 製作圍巾。

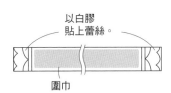

以白膠貼上蕾絲。

圍巾

6. 戴上帽子＆圍巾。

戴上帽子，以白膠黏貼固定。

繞上圍巾，縫牢固定。

《聖誕節吊飾・最後組裝》

完成

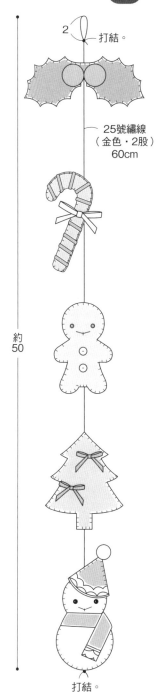

2

打結。

25號繡線（金色・2股）60cm

約50

打結。

繡線穿針，由下往上串連各物件。
除最下方外皆不打結，
所以各物件皆可隨心所欲的調整移動位置。

原寸紙型…P.92至P.93

＊材料
・不織布
（白色）…20cm×15cm
（膚色）…10cm×8cm
（黃色）…9cm×9cm
（奶油色）…8cm×7cm
（淺黃色）…7cm×6cm
・插入式眼珠（直徑3.5 mm・咖啡色）…2個
・仿珍珠串珠（直徑0.3cm）…20個
・蕾絲（1cm寬）…15cm
・十字架墜子…1個
・C型圈（0.3cm・銀色）…1個
・手工藝用棉花…適量
・25號繡線…白色・膚色・黃色・奶油色・淺黃色
　　　　　　咖啡色・粉紅色・銀色・金色
・手工藝用白膠

《蠟燭》
1. 製作火焰。
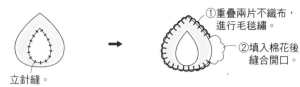
立針縫。
①重疊兩片不織布，進行毛毯繡。
②填入棉花後縫合開口。

2. 製作蠟燭。
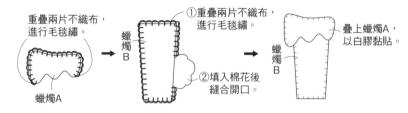
重疊兩片不織布，進行毛毯繡。
蠟燭A
蠟燭B
①重疊兩片不織布，進行毛毯繡。
②填入棉花後縫合開口。
蠟燭B
疊上蠟燭A，以白膠黏貼。

3. 製作燭台。
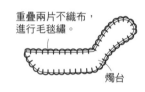
重疊兩片不織布，進行毛毯繡。
燭台

4. 縫合蠟燭＆燭台。
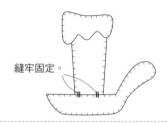
縫牢固定。

《小嬰兒》
1. 製作身體。
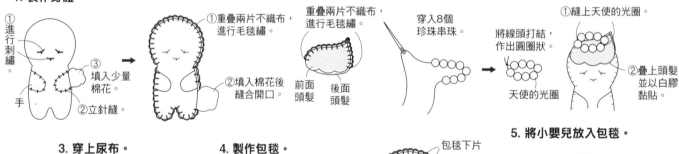
①進行刺繡。
手
③填入少量棉花。
②立針縫。
①重疊兩片不織布，進行毛毯繡。
②填入棉花後縫合開口。

2. 製作並縫上頭髮。
重疊兩片不織布，進行毛毯繡。
前面頭髮　後面頭髮
穿入8個珍珠串珠。
將線頭打結，作出圓圈狀。
天使的光圈
①縫上天使的光圈。
②疊上頭髮並以白膠黏貼。

3. 穿上尿布。

捲起尿布，進行立針縫。

4. 製作包毯。
立針縫。
包毯上片A
包毯上片B
包毯下片
包毯上片A
重疊三片，進行毛毯繡。

5. 將小嬰兒放入包毯。
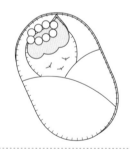

《流星》
1. 製作星星
星星
①重疊兩片不織布，進行毛毯繡。
②填入棉花後縫合開口。

2. 製作流星尾。
立針縫（1片）。
流星尾A　流星尾B
②填入棉花後縫合開口。
①重疊兩片不織布，進行毛毯繡。

3. 縫合星星＆流星尾。
＜背面＞

1.5
立針縫。

《十字架》

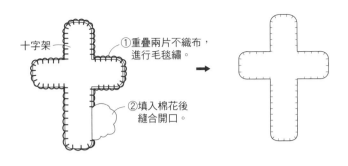

十字架

① 重疊兩片不織布，進行毛毯繡。

② 填入棉花後縫合開口。

《天使》

1. 製作頭部。

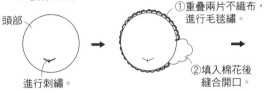

頭部

進行刺繡。

① 重疊兩片不織布，進行毛毯繡。

② 填入棉花後縫合開口。

在眼睛位置製作眼窩，並插入塗了白膠的插入式眼珠。（作方請參見 P.88 薑餅人）

2. 製作洋裝。

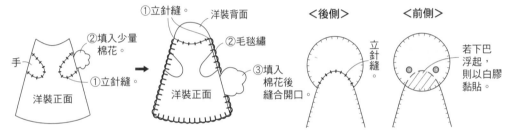

① 立針縫

② 填入少量棉花。

手

① 立針縫

洋裝正面

洋裝背面

② 毛毯繡

洋裝正面

③ 填入棉花後縫合開口。

3. 縫合頭部＆洋裝。

＜後側＞

立針縫。

＜前側＞

若下巴浮起，則以白膠黏貼。

4. 在洋裝上黏貼蕾絲。

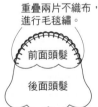

蕾絲5cm

以繞上白膠蕾絲，黏貼。

蕾絲10cm

C形圈

蕾絲

十字架墜飾

5. 製作頭髮。

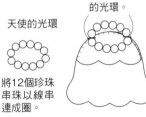

重疊兩片不織布，進行毛毯繡。

前面頭髮

後面頭髮

天使的光環

將12個珍珠串珠以線串連成圈。

縫上天使的光環。

6. 裝上頭髮＆翅膀。

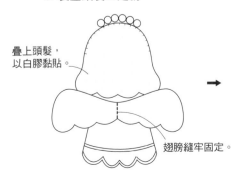

疊上頭髮，以白膠黏貼。

翅膀縫牢固定。

《平安夜吊飾・最後組裝》

完成

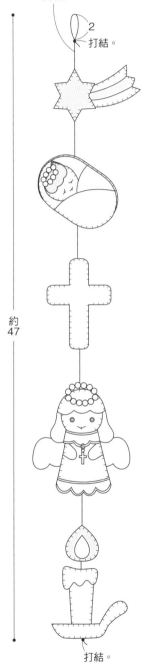

25號繡線（金色・2股）60cm

打結。

約47

打結。

繡線穿針，由下往上串連各物件。除最下方外皆不打結，所以各物件可隨心所欲的調整移動位置。

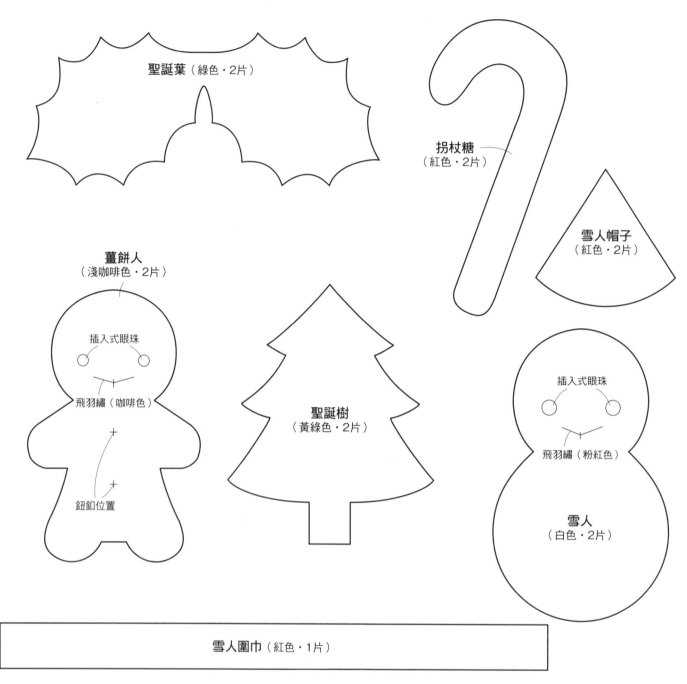

聖誕葉（綠色・2片）

拐杖糖
（紅色・2片）

雪人帽子
（紅色・2片）

薑餅人
（淺咖啡色・2片）

插入式眼珠

飛羽繡（咖啡色）

鈕釦位置

聖誕樹
（黃綠色・2片）

插入式眼珠

飛羽繡（粉紅色）

雪人
（白色・2片）

雪人圍巾（紅色・1片）

[18・原寸紙型]

蠟燭

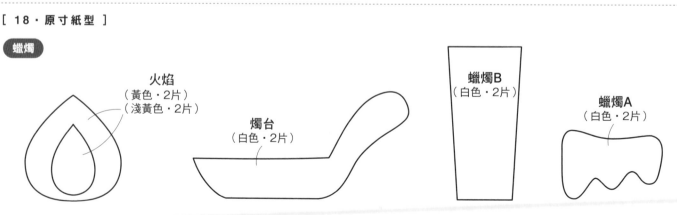

火焰
（黃色・2片）
（淺黃色・2片）

燭台
（白色・2片）

蠟燭B
（白色・2片）

蠟燭A
（白色・2片）

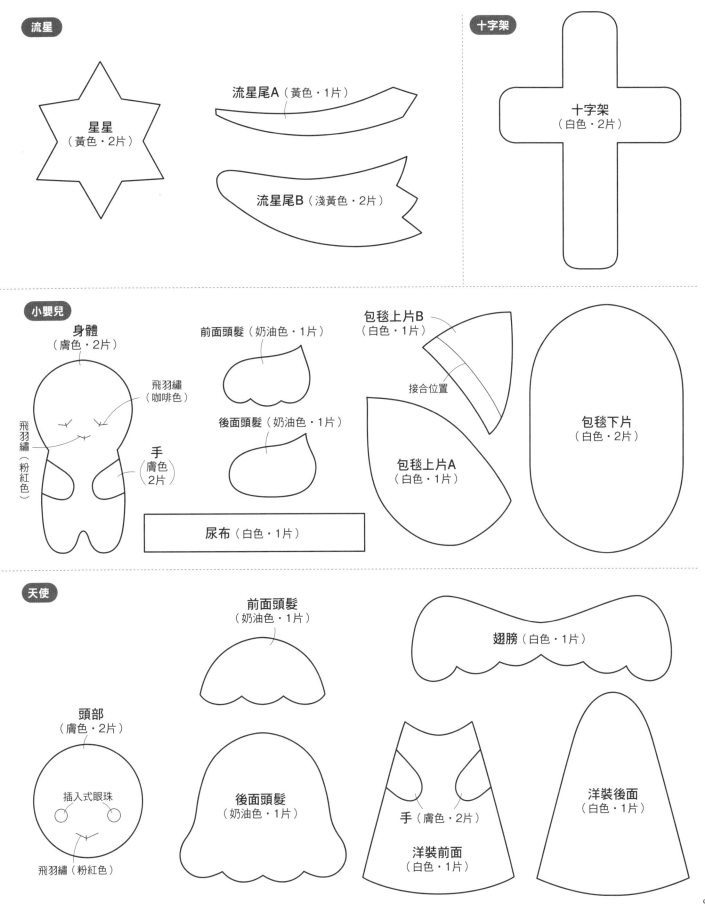

[**18．原寸紙型**]　※除了另有指定之外，皆取1股25號繡線進行刺繡。

流星

星星
（黃色・2片）

流星尾A（黃色・1片）

流星尾B（淺黃色・2片）

十字架

十字架
（白色・2片）

小嬰兒

身體
（膚色・2片）

飛羽繡
（咖啡色）

飛羽繡
（粉紅色）

手
（膚色）
2片

前面頭髮（奶油色・1片）

後面頭髮（奶油色・1片）

尿布（白色・1片）

包毯上片B
（白色・1片）

接合位置

包毯上片A
（白色・1片）

包毯下片
（白色・2片）

天使

頭部
（膚色・2片）

插入式眼珠

飛羽繡（粉紅色）

前面頭髮
（奶油色・1片）

後面頭髮
（奶油色・1片）

翅膀（白色・1片）

手（膚色・2片）

洋裝前面
（白色・1片）

洋裝後面
（白色・1片）

原寸紙型…P.94

《冰晶吊飾》

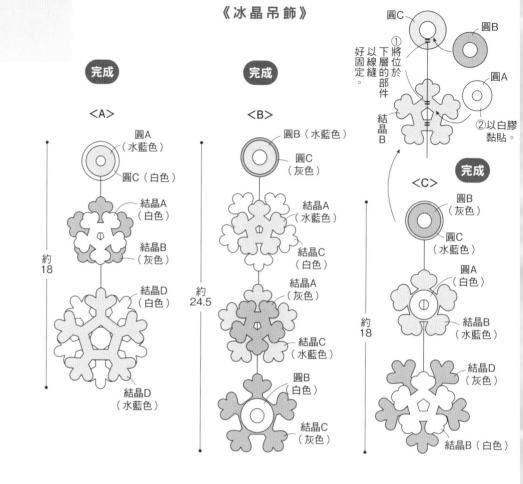

＊A的材料
・不織布
（白色）…12cm×8cm
（水藍色）…10cm×7cm
（灰色）…5cm×5cm
・縫線（白色）
・手工藝用白膠

＊B的材料
・不織布
（白色）…9cm×6cm
（水藍色）…10cm×7cm
（灰色）…10cm×8cm
・縫線（白色）
・手工藝用白膠

＊C的材料
・不織布
（白色）…8cm×5cm
（水藍色）…9cm×5cm
（灰色）…10cm×7cm
・縫線（白色）
・手工藝用白膠

完成　　完成

<A>　　<B>

①將位於以下層縫好的部件下層線固定。

圓C

圓B

圓A

②以白膠黏貼

結晶B

完成

<C>

圓B（水藍色）

圓C（灰色）

圓A（水藍色）

圓C（白色）

結晶A（白色）

結晶B（灰色）

結晶D（白色）

約18

圓B（灰色）

圓C（水藍色）

圓A（白色）

結晶A（水藍色）

結晶C（白色）

結晶A（灰色）

結晶C（水藍色）

圓B（白色）

結晶C（灰色）

約24.5

結晶B（水藍色）

約18

結晶D（灰色）

結晶B（白色）

[19・原寸紙型]

結晶A
（白色
水藍色
灰色）各1片

圓A（白色
水藍色）各1片

圓B（白色
水藍色
灰色）各1片

圓C（白色
水藍色
灰色）各1片

結晶C
（白色
水藍色
灰色）各1片

結晶D
（白色
水藍色
灰色）各1片

結晶B
（白色
水藍色
灰色）各1片

羽子板＆羽毛球

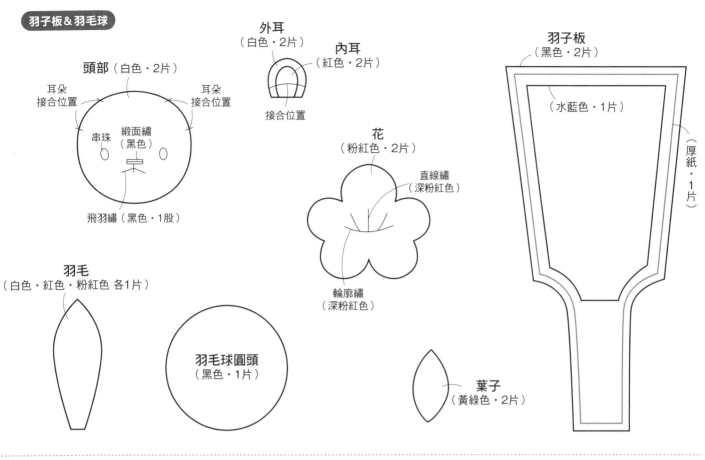

頭部（白色・2片）

耳朵接合位置

耳朵接合位置

串珠

緞面繡（黑色）

飛羽繡（黑色・1股）

外耳（白色・2片）

內耳（紅色・2片）

接合位置

花（粉紅色・2片）

直線繡（深粉紅色）

輪廓繡（深粉紅色）

羽毛（白色・紅色・粉紅色 各1片）

羽毛球圓頭（黑色・1片）

葉子（黃綠色・2片）

羽子板（黑色・2片）

（水藍色・1片）

（厚紙・1片）

招財貓

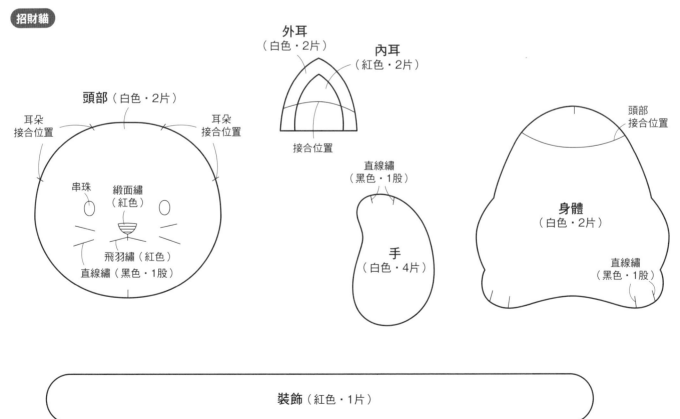

頭部（白色・2片）

耳朵接合位置

耳朵接合位置

串珠

緞面繡（紅色）

飛羽繡（紅色）

直線繡（黑色・1股）

外耳（白色・2片）

內耳（紅色・2片）

接合位置

直線繡（黑色・1股）

手（白色・4片）

頭部接合位置

身體（白色・2片）

直線繡（黑色・1股）

裝飾（紅色・1片）

手縫・刺繡法

●基本手縫法

| 縮縫 | 平針縫 | 立針縫 | 捲針縫 | 藏針縫 |

縮縫: 0.2cm / 0.2cm

平針縫: 0.3～0.4cm

捲針縫: 線呈直立

藏針縫: 0.2～0.4cm

●基本手縫法・縫合兩片的毛毯繡

※毛毯繡的前進方向兩端皆可。

由兩片不織布間穿入針線。
打結。
不織布後片
不織布前片
僅穿過其中一片。

針線同時穿過兩片不織布。
不織布後片
角落務必縫上
約0.2cm
不織布前片

繞完一圈……
將針穿過起縫線。
不織布前片

由兩片不織布間穿入針線。
不織布後片

打結後，再由不織布後側出針，剪線。
②由兩片不織布間穿入針線。
①打結
③出針
不織布後片
④拉線，使①的結縮進內側。

●刺繡法

25號繡線的使用法

裁剪至適合使用的長度。

如一次拉出數股容易打結，務必一股一股分次抽出。

取○股指的是將一股一股分次抽出的繡線集合起來，穿過針洞後使用。
取2股。　取3股。

<例>　直線繡（紅色・2股）
　　　　↑　　　↑　　　↑
　　　繡法　顏色　使用○股繡線。

直線繡　2入 / 1出 / 3出

十字繡　1出 / 4入 / 2入 / 3出

緞面繡　3出 / 1出 / 2入

結粒繡　纏繞指定次數（本書中使用繞2次&繞4次兩種）／1出 / 1 / 2入

平針繡　2入 / 3出 / 1出

飛羽繡　1出 2入 / 3出 / 3出 / 4入

回針繡　1出 / 3出 / 2入

輪廓繡　3出 / 1出 / 2入

釘線繡　固定線 / 2入 / 3出 / 使繡線沿著圖案排列 / 1出 / 主輪廓線

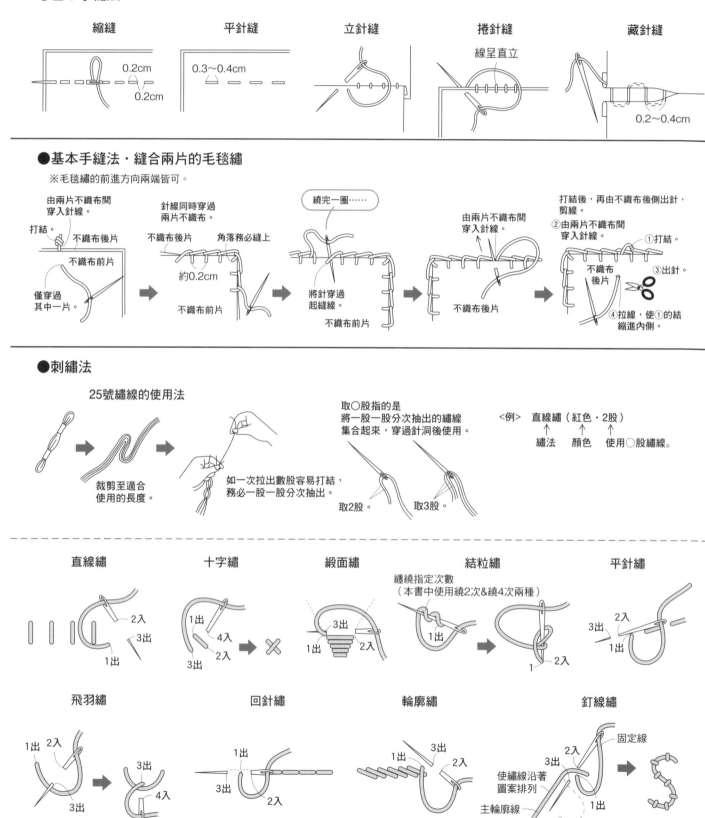

趣・手藝 **22**

剪＋貼＋縫！
88款不織布の季節布置小物

作　　者／BOUTIQUE-SHA
譯　　者／陳淑芳・吳思穎
發 行 人／詹慶和
總 編 輯／蔡麗玲
執行編輯／陳姿伶
編　　輯／林昱彤・蔡毓玲・劉蕙寧・詹凱雲・黃璟安
封面設計／周盈汝
美術編輯／陳麗娜・李盈儀
內頁排版／造極
出 版 者／Elegant-Boutique新手作
發 行 者／悅智文化事業有限公司　　郵政劃撥帳號／19452608
戶　　名／悅智文化事業有限公司
地　　址／220新北市板橋區板新路206號3樓
網　　址／www.elegantbooks.com.tw
電子郵件／elegant.books@msa.hinet.net
電　　話／(02)8952-4078
傳　　真／(02)8952-4084

2013年12月初版一刷　定價280元

Lady Boutique Series No.3509
FELT WO TSUKATTA KISETSU NO KAZARIMONO
Copyright © 2012 BOUTIQUE-SHA
All rights reserved.
Original Japanese edition published in Japan by BOUTIQUE-SHA.
Chinese（in complex character）translation rights arranged with BOUTIQUE-SHA
through KEIO CULTURAL ENTERPRISE CO., LTD.

經銷／高見文化行銷股份有限公司
地址／新北市樹林區佳園路二段70-1號
電話／0800-055-365　　傳真／(02)2668-6220
星馬地區總代理：諾文文化事業私人有限公司
新加坡／Novum Organum Publishing House (Pte) Ltd.
20 Old Toh Tuck Road, Singapore 597655.
TEL：65-6462-6141　　FAX：65-6469-4043
馬來西亞／Novum Organum Publishing House (M) Sdn. Bhd.
No. 8, Jalan 7/118B, Desa Tun Razak, 56000 Kuala Lumpur, Malaysia
TEL：603-9179-6333　　FAX：603-9179-6060

國家圖書館出版品預行編目(CIP)資料

剪＋貼＋縫!88款不織布の季節布置小物 / Boutique-
sha著；陳淑芳, 吳思穎譯. -- 初版. -- 新北市：新手
作出版：悅智文化發行, 2013.12
　　面；　　公分. -- (趣.手藝；22)
ISBN 978-986-5905-42-2(平裝)

1.裝飾品 2.手工藝

426.77　　　　　　　　　　　102023609

STAFF 日文原書團隊

編　　輯／和田尚子・小堺久美子

攝　　影／藤田律子

攝影協力／AWABEES

設　　計／松原優子

插　　圖／小崎珠美

趣・手藝 01

雜貨迷の魔法橡皮章圖案集
mizutama・mogerin・yuki◎著
定價280元

趣・手藝 02

大人&小孩都會縫的90款馬
卡龍可愛吊飾
BOUTIQUE-SHA◎著
定價240元

趣・手藝 03

超Q不織布吊飾就是可愛
嘛!
BOUTIQUE-SHA◎著
定價250元

趣・手藝 04

138款超簡單不織布小玩偶
BOUTIQUE-SHA◎著
定價280元

趣・手藝 05

600+枚馬上就好想刻的 可
愛橡皮章
BOUTIQUE-SHA◎著
定價280元

趣・手藝 06

好想咬一口!
不織布的甜蜜午茶時間
BOUTIQUE-SHA◎著
定價280元

趣・手藝 07

剪紙x創意x旅行!
剪剪貼貼看世界!154款世
界旅行風格剪紙圖案集
Iwami Kai◎著
定價280元

趣・手藝 08

動物・雜貨・童話故事:80
款一定要擁有的童話風繡片
圖案集－用不織布來作超可
愛的刺繡吧!
Shimazukaori◎著
定價280元

趣・手藝 09

刻刻!蓋蓋!一次學會700個
超人氣橡皮章圖案
naco◎著
定價280元

趣・手藝 10

女孩の微幸福,花の手作
——39枚零碼布作の布花飾
品
BOUTIQUE-SHA◎著
定價280元

雅書堂 BB 新手作

雅書堂文化事業有限公司
22070新北市板橋區板新路206號3樓
facebook 粉絲團:搜尋 雅書堂
部落格 http://elegantbooks2010.pixnet.net/blog
TEL:886-2-8952-4078 ・ FAX:886-2-8952-4084

趣・手藝 11

3.5cm×4cm×5cm甜點變
身!大家都愛的馬卡龍吊飾
BOUTIQUE-SHA◎著
定價280元

趣・手藝 12

超圖解!手拙族初學
毛根迷你動物的26堂基礎課
異想熊・KIM◎著
定價300元

趣・手藝 13

動手作好好玩的56款寶貝の
玩具:不織布×瓦楞紙×零
碼布:生活素材大變身!
BOUTIQUE-SHA◎著
定價280元

趣・手藝 14

隨手可摺紙雜貨:75招超便
利回收紙應用提案
BOUTIQUE-SHA◎著
定價280元

趣・手藝 15

超萌手作!歡迎光臨黏土動
物園挑戰可愛極限的居家實
用小物65款
幸福豆手創館(胡瑞娟 Regin)◎著
定價280元

趣・手藝 16

166枚好感系×超簡單創意
剪紙圖案集:摺!剪!開!完
美剪紙3 Steps
室岡昭子◎著
定價280元

趣・手藝 17

可愛又華麗的俄羅斯娃
娃&動物玩偶:繪本風の
不織布創作
北向邦子◎著
定價280元

趣・手藝 18

玩不織布扮家家酒!——
在家自己作12間超人氣
甜點屋&西餐廳&壽司店
的50道美味料理
BOUTIQUE-SHA◎著
定價280元

趣・手藝 19

文具控最愛的手工立體卡
片——超簡單!看圖就會
作!祝福不打烊!萬用卡
×生日卡×節慶卡自己一
手搞定!
鈴木孝美◎著
定價280元

趣・手藝 20

初學者ok啦!一起來作
36隻超萌の串珠小鳥
市川ナヲミ◎著
定價280元